滇南

园林植物

（灌木与藤本）

段晓梅　樊国盛／主编

科学出版社

北京

内 容 简 介

　　本书选择适于滇南栽培灌木和藤本园林植物共160种，包括灌木110种，藤本40种。书中分别介绍了所选园林植物的学名、别名、所属科属、识别特征、生态习性、产地与分布情况、园林用途、观赏特性、繁殖方法及种植技术，并附有600余张高清晰彩色照片，每种植物都尽可能配有植物的本真形态和观赏特征。

　　全书图文对照，让读者在欣赏植物照片的同时，又能全面了解园林应用的基础知识，具有较强的可读性、观赏性和实用性。本书可供风景园林高校师生、科研人员、城乡绿化专业人员，苗木生产技术人员等使用。

图书在版编目（CIP）数据

滇南园林植物：灌木与藤本 ／ 段晓梅，樊国盛主编.-- 北京：科学出版社，2016.10
ISBN 978-7-03-050077-9

Ⅰ.①滇… Ⅱ.①段… ②樊… Ⅲ.①灌木－园林植物－云南－图集②藤属－园林植物－云南－图集 Ⅳ.①S68-64

中国版本图书馆CIP数据核字（2016）第228689号

责任编辑：杨　岭　刘　琳／责任校对：刘　琳
责任印制：余少力／封面设计：墨创文化

科 学 出 版 社 出版
北京东黄城根北街16号
邮政编码：100717
http://www.sciencep.com

成都锦瑞印刷有限责任公司　印刷
科学出版社发行　各地新华书店经销
*

2016年10月第　一　版　开本787*1092　1/16
2016年10月第一次印刷　印张：16.25
字数：380千字
定价：198.00元
（如有印装质量问题，我社负责调换）

编者名单

主编／段晓梅　樊国盛

参编／刘　佳　杨茗琪　明　珠　李　煜

　　　陆　敏　谭　冬　江燕辉

照片／段晓梅　段方俊

前言

QIANYAN

滇南地处热带植物区系与温带植物区系交汇区域，气候条件优越，垂直气候显著，植物多样性极其丰富，园林植物种类繁多。

滇南少数民族众多，民族植物文化底蕴深厚，在素有"植物王国"美誉、正在建设旅游大省的云南，充分利用园林植物塑造滇南四季有花、四季常绿的地域景观特色和众多少数民族园林植物文化特色，是本书编辑的初衷，期望本书能为滇南园林绿化建设，尤其希望通过园林植物多样性的推广应用，对形成各具特色、生态稳定的城乡园林绿地有一定帮助和促进作用。

本书选择适于滇南栽培园林灌木和藤本园林植物共 160 种，包括灌木 110 种，藤本 40 种，考虑到本书的实用性，按植物的生态习性分为三类：常绿灌木、落叶灌木和藤本，其下再按裸子植物、被子植物分类，双子叶植物、单子叶植物分类。

书中分别介绍了所选园林植物的学名、别名、所属科属、识别特征、生态习性、产地与分布情况、园林用途、观赏特性、繁殖方法及种植技术，并附有 600 余张高清晰彩色照片，每种植物都尽可能配有植物的本真形态和观赏特征。全书图文对照，让读者在欣赏植物照片的同时，又能全面了解园林应用的基础知识，具有较强的可读性、观赏性和实用性。可供风景园林高校师生、科研人员、城乡绿化专业人员，苗木生产技术人员等使用。

本书由西南林业大学段晓梅教授、樊国盛教授主编。西南林业大学风景园林重点学科和普洱市规划局资助编写。龙玉婷、丁威、史赛男、胡中涛、喜晟乘、柴静、董晓蕾、廖双、刘晏廷、姚延晓、孙惠子、付蓉、罗晓梅、洪伟、周庄铖、陈顾中、张良等同学在研究生期间参加了部分实地调查和前期基础资料收集整理工作，西南林业大学标本馆李双智老师帮助鉴定了部分植物，在此致以诚挚的谢意！

在编写过程中力求内容的科学性和准确性。由于编者水平有限，书中难免存在不足之处，敬请读者批评指正，敬请至信 842543697@qq.com，衷心感谢！

编　者

2016 年 6 月

目录
CONTENTS

第三部分 落叶灌木 149

第四部分 藤本 181

第一部分

总论

第一节

滇南所包含的区域

　　滇南位于云南省南部，其纬度位置范围为：北回归线穿过的县市或北回归线以南的县市，其中北回归线（23°30′N）穿过的有蒙自市、个旧市、文山市、富宁县，西畴县、砚山县、元江县、墨江县、景谷县、双江县、耿马县等市县，其余位于北回归线以南的市县是景洪市、临沧市、麻栗坡县、马关县、屏边县、河口县、红河县、元阳县、金平县、绿春县、江城县、宁洱县、思茅区、沧源县、西盟县、孟连县、澜沧县、勐腊县、勐海县，总计该线穿过及该线以南的县市共30个市、县或区，它包括文山、红河、普洱的大部地区，玉溪、临沧的一部分地区，西双版纳州的全部。从北纬21°29′的勐腊半岛南端到北纬23°30′，共跨纬度2°21′，面积150552.7km²，占全省土地面积的38.24%。

第二节

滇南气候概况

（一）滇南气候的季节划分

　　云南南部终年温暖，温度年变化在10℃左右，植物四季常青，二十四节气的春、夏、秋、冬四季变化在滇南不明显，周年温度变化不大，但降雨变化十分显著。

旱季为10月至翌年4月，是一年中少雨的时期，由热带大陆气团控制。旱季初期，土壤湿润，水热状况适于植物生长，是雨后湿润季节，末期则高温、干旱。因此可将旱季划分为雾、凉季和干、热季两个季节。这样本区就可以将周年划分为三个季节：

雨季：5月中旬前后～10月下旬。雨季集中了全年83～90%以上的降水，在7、8月间几乎每日有雨。多为短暂的雷阵雨、对流雨，强度大，多降于午后。雨过之后，云消天晴。在雨季中可间隔有周期性的晴天，太阳高悬晴空，光耀夺目，湿热难当，宛似旱季末的天气。在阴云天气里，和风吹拂，凉爽宜人。

雾凉季：10月下旬～3月中、下旬。降雨稀少，云量减少，日照增长，气温下降快，昼夜温差增大。此期间以晨雾、朝露为特征，在海拔较高而空气又较干燥的地区，如蒙自，出现雾的机会比较少，可称为凉季。西双版纳州雾日多，可称为雾季。

干热季：3月中、下旬～5月中旬前后。春分后太阳高度增加，日照亦增长，土壤和空气渐显干燥，大气层结不稳定。此时，地面扬尘加强，大气混浊，透明度、能见度减小。中午地方性雷暴活动频繁，但由于蒸发强烈，少量的雷阵雨不足以润湿土壤。此时，水热失调，高温干旱为本季特点，持续时间约一个多月，后期干旱最严重。

（二）滇南气候的主要特征

滇南地区主要受印度风系影响，东部受太平洋副热带高压的影响。滇南地区下垫面复杂、海拔高差悬殊，是气候复杂化的主要原因。本区内的气候可以在很小的范围内，发生巨大的变异，形成多种多样的地方性气候和小气候。

1. 气流

气流影响以哀牢山脉为分界线，西部的澜沧、勐遮、勐龙、勐腊、墨江一带，受印度洋西南暖湿气流的影响，以偏西南风为主，而本区东部的文山、河口、蒙自、元江一带，东部受太平洋西伸高压楔的影响，以偏东南风为主。

2. 积温

北回归线穿过滇南，纬度低、太阳高度角大，终年接受太阳辐射量较强，日照充足，例如元

江以东的马关和元江以西的普洱全年≥10℃积温在5300～6100度，年均温也在17～18℃。从地形上来分析，高差大而形成的立体气候明显，例如河谷地带的元江、河口、景谷、景洪等地它们的年均温都在20～23℃，而高海拔的西盟，气温就要稍低（海拔1898m，气温15℃），可谓"冬暖夏凉"，冬季温度谷地在15℃以上，山地在10℃以上，而夏季温度（谷地约25℃）较华南、华北及长江流域约低3℃。

3. 降水

本区东南、西南为水源的来向。西南季风受西部怒山山脉所阻，故西部雨量（1400～1600mm）比东部雨量（1600～1800mm或更多）减少；在哀牢山脉背西南季风地区，则是一个常年雨影区，如：元江、开远、建水、蒙自的雨量在800mm以下，为全区最少。其他多数市、县降

水量平均在 1300～1500mm 以内，如：元江下游、哀牢山南段的金平、绿春，元阳年雨量是 1600～2200mm，而元江以西的西盟、澜沧年雨量在 1500～2500mm。从大气环流方面来分析，元江以西夏季受来自于印度洋盂加拉湾西南季风的影响，元江以东夏季受来自太平洋北部湾东南季风的控制，因此滇南雨季长，85% 的雨量集中于 5～10 月份的夏半年。而冬季又处于西风环流的范围内，这支强劲的气流把北非西亚、印度半岛干暖空气引导过来，同时云南东北部高大山系和东部云贵高原阻滞着冬季寒潮和冷空气的推移，因而冬季晴天多，日照充足，云量少，白天空气干燥。早晨多雾，日均温一般多在 10℃以上。

第二部分

常绿灌木

篦齿苏铁

Cycas pectinata Griff.

苏铁科（*Cycadaceae*）苏铁属（*Cycas*）

识别特征

常绿灌木，树干圆柱形，高达 3m。羽状叶长 1.2～1.5m，叶轴横切面圆形或三角状圆形，柄两侧有疏刺，刺略向下弯；羽状裂片 80～120 对，条形或披针状条形，厚革质，坚硬，上面深绿色，下面绿色。雌雄异株，雄球花单生茎顶，长圆锥状。大孢子叶多数，簇生茎顶，密被褐黄色绒毛，上部两侧生胚珠 2～4。种子卵圆形或椭圆状倒卵圆形，熟时红褐色。

◆ **季相变化及物候**：通常 4～5 月自茎顶萌发新叶，1～3 年开花一次，花期 6～7 月，种子翌年 2～3 月成熟。

◆ **产地及分布**：在我国分布于云南南部红河、普洱和西双版纳州；印度、尼泊尔至中南半岛各国均有分布。

◆ **生态习性**：生长于热带北部季风区。年平均温约 22℃，1 月平均温 14℃，极端最低温常年在 0℃以上，偶在特大寒潮南下年份可耐 -3℃，7 月平均温 28.1℃；年降水量 1000mm，集中于 5～10 月。

◆**园林用途**：可3～5株丛植于公园内，亦可列植于园路两旁，盆栽可布置在庭院及大型会场，孤植配置于花坛中心、建筑物旁。

◆**观赏特性**：树形古朴，茎干坚硬如铁，体型优美，顶生大羽叶，洁滑光亮，油绿可爱，老干布满落叶痕迹，斑如鱼鳞，别具风韵。

◆**繁殖方法**：播种或分株繁殖。种子寿命短。果熟采收后即播于苗床，约1～2个月即可发芽出苗。幼苗期生长缓慢，须加强苗期管理。在母树根基能萌生新苗，也可以分蘖繁殖。

◆**种植技术**：篦齿苏铁耐旱忌水，选通风透光、排水性好的地块栽培。要浅种、堆高种植，一般种植深度为40～60cm，种植过深不利发根，且易造成根部腐烂。挖深坑后用中、粗砂和地表土按1:2的比例混合回填，同时拌入杀虫剂进行土壤消毒，防止根部病虫。注意选择好观赏面扶正，填土时夯实，填满并高出地面20～40cm，并防止倒伏，有利排水。对树干形状较奇特，重心不稳的树要用铁丝固定，待土层紧实，发出新根，树体稳定时撤除。种植后及时浇透水，小水慢浇，使土层均匀下沉，防止倒伏。

苏铁

Cycas revoluta Thunb.

苏铁科（*Cycadaceae*）**苏铁属**（*Cycas*）

─**识别特征**─

常绿灌木。羽状叶从茎的顶部生出，羽状裂片厚革质，边缘显著地向下反卷，先端有刺状尖头，下面浅绿色，中脉显著隆起。雄球花圆柱形。大孢子叶密生淡黄色或淡灰黄色绒毛，边缘羽状分裂，裂片12～18对，条状钻形；胚珠2～6枚，生于大孢子叶柄的两侧，有绒毛。种子红褐色或橘红色，倒卵圆形或卵圆形，稍扁。

◆**季相变化及物候**：花期6～7月，种子10月成熟。

◆**产地及分布**：在我国福建、广东、广西、江西、云南、贵州及四川东部等地多栽植于庭院；日本南部、菲律宾和印度尼西亚也有分布。

◆**生态习性**：喜光，稍耐半阴。喜温暖，不耐寒，喜肥沃湿润和微酸性的土壤，耐干旱。生长缓慢，10余年以上的植株可开花。

◆**园林用途**：可列植于园路两旁，可3～5株丛植于公园绿地、单位、小区，孤植于花坛中心，配置于建筑物旁。盆栽可布置在庭院及大型会场。

◆**观赏特性**：树形古雅，茎干坚硬如铁，体型优美，顶生大羽叶，洁滑光亮，四季常青，苏铁老干布满落叶痕迹，斑如鱼鳞，别具风韵。

◆**繁殖方法**：播种或分蘖繁殖。1、播种繁殖：因种子粒大而皮厚，宜在室内盆播，覆土约3cm，在30～33℃高温下2周可发芽。2、分蘖繁殖：宜在3～4月进行，从母株旁生的蘖株处扒出，切割时要尽量少伤茎皮，切口稍干后，栽在含多量粗砂的腐殖质土的苗床中，半阴养护，保持27～30℃，容易成活。也可将干部切成15～20cm的片段，埋在砂质壤土中，使其在干部周围发生新芽，再分栽。

◆种植技术：苏铁宜在肥沃、微酸性的砂质土壤生长。培养土可用粗砂1份与田园土2份，或腐叶土3份与细小的砂石1份，或砂质土2份与腐叶土1份，并加入少量的0.5%硫酸亚铁（做酸碱调节）配制。春夏季叶片生长旺盛时期，特别是夏季高温干燥时要多浇水，早晚1次，并喷洒叶面，保持叶片清新翠绿。入秋后可2～5天浇水1次。生长期每月可施1、2次施复合肥或尿素。尿素最好是用0.2%的水溶液喷施叶片作叶面肥，施叶面肥应遵循"少量多次"的原则。新叶展开成熟后剪除下部的老叶，保持2～3轮叶片，不用经常修剪。

竹柏

Podocarpus nagi （Thunb.） Zoll. et Mor ex Zoll.

罗汉松科（*Podocarpales*）罗汉松属（*Podocarpus*）

识别特征

常绿灌木，高可达20m。枝条开展或伸展，树冠广圆锥形。叶长3.5～9cm，宽1.5～2.5cm，单叶对生，革质，长卵形、卵状披针形或披针状椭圆形，无中脉，有多数并列的细脉，上面深绿色，有光泽，下面浅绿色，基部向下窄成柄状。雄球花穗状圆柱形，单生叶腋；雌球花单生叶腋，稀成对腋生，基部有数枚苞片，花后苞片不肥大成肉质种托。种子径1.2～1.5cm，圆球形，成熟时假种皮暗紫色，有白粉。

◆**季相变化及物候**：花期3～4月，种子10月成熟。

◆**产地及分布**：产于我国浙江、福建、江西、湖南、广东、广西、四川等省区，云南无自然分布；日本有自然分布。

◆**生态习性**：阴性树种，喜阴，强光下根茎会发生日灼或枯死现象，喜温暖湿润气候，对土壤要求严格，喜土层深厚、疏松、湿润、腐殖质丰富的酸性土壤。

◆**园林用途**：可用作行道树、庭荫树和园景树，适合在公园绿地、单位、小区等，与其他针叶、阔叶树种混交种植，也可对植于建筑物前。

◆**观赏特性**：树冠浓郁，树形美观，叶形如竹，青翠而有光泽，是优美的观叶观形植物。

◆**繁殖方法**：种子或扦插繁殖。1、种子繁殖：需选择生长健壮、无病虫害的母树采种。采集后去除假种皮，用清水洗净取出种子，放置于干燥地板上阴干，忌暴晒。阴干的种子以随采随播为宜，也可贮藏，但不要超过1年。2月下旬播种，播后20天即可出苗。幼苗需搭荫棚。2、扦插繁殖：需选取幼龄母树枝条作插穗，斜插于苗床并保持苗床湿润。

◆**种植技术**：宜选择光照充足，土层深厚、肥沃的酸性土壤种植。时间以1～2月为宜。种植前整地。株行距以3m×3m为宜，定植穴规格以60cm×60cm×60cm为宜。在穴底部施基肥，每个定植穴施400g钙镁磷肥或复合肥，结合回表土，定植后浇足定根水，并做好养护管理。每年春夏沟施200g氮肥，配以100g磷钾肥。定期修剪枝叶，保持树形优美。

含笑（香蕉含笑、含笑梅）

Michelia figo（Lour.）Spreng

木兰科（***Magnoliaceae***）含笑属（***Michelia***）

识别特征

常绿灌木。树皮灰褐色，分枝繁密。芽、嫩枝，叶柄，花梗均密被黄褐色绒毛。叶革质，狭椭圆形或倒卵状椭圆形，长4～10cm，先端钝短尖，基部楔形或阔楔形，上面有光泽，无毛，下面中脉上留有褐色平伏毛。花直立，淡黄色，边缘有时红色或紫色，具芳香；花被片6，肉质肥厚，长椭圆形，长12～20mm；雄蕊长7～8mm，药隔伸出成急尖头，雌蕊群无毛，超出于雄蕊群。聚合果，蓇葖卵圆形或球形，顶端有短尖的喙。

◆ **季相变化及物候**：花期 3 ~ 4 月，果期 7 ~ 8 月。

◆ **产地及分布**：原产中国华南南部各省区，广东、广西、云南、贵州等地。

◆ **生态习性**：喜光，但苗期喜偏阴。喜温暖湿润的气候，生长适宜温度为 15 ~ 32℃，亦稍耐寒。喜土壤深厚、疏松、肥沃、排水良好的酸性至微碱性土壤。能耐地下水位较高的环境，在过于干燥的土壤中生长不良。

◆ **园林用途**：是优良的庭院和道路绿化苗木。孤植、丛植、群植或列植均适宜，与木莲、木荷、玉兰等配植更佳。

◆ **观赏特性**：分枝能力强，树冠浓郁，枝叶翠绿，花大而香。

◆ **繁殖方法**：扦插或压条繁殖。扦插宜雨季进行，取未发出新芽、有叶的木质化枝条或顶梢约长 15cm，插穗基部沾生根粉插于砂质素土，遮荫保湿，约 2 ~ 3 个月生根，于翌春移植。压条繁殖于 4 月份选发育良好、健壮的 2 年生枝条。环割宽 5mm，深达形成层，用湿的素红土包裹，捏成团，用塑料膜包在外面，上下扎紧，约 2 个月生根剪下栽培。

◆ **种植技术**：需选在通气良好、光照充足的地方，栽培所用土壤必须疏松通气，排水良好，否则会造成植株生长不良，根部腐烂、易发病。栽植时施基肥。移栽可在早春发芽前或初冬进行，但不论植株大小，皆需带土球，并适当疏剪枝叶，如土球松散，必须及时重剪上部枝叶。生长期每月施一次稀薄腐熟人粪尿。为使树冠内部通风透气，可于每年 3 月修剪一次，去掉过密枝、纤弱枝、枯枝。

矮依兰（小依兰）

Cananga odorata var. *fruticosa* （Craib） Sincl.

番荔枝科（*Annonaceae*）依兰属（*Cananga*）

识别特征

常绿灌木，植株高 1～2m。小枝无毛，树皮灰色，有小皮孔。叶膜质至薄纸质，卵状长圆形或长椭圆形，长 10～23cm，宽 4～14cm，顶端渐尖至急尖，基部圆形，叶面无毛，叶背仅在脉上被疏短柔毛；侧脉每边 9～12 条，上面扁平，下面凸起；叶柄长 1～1.5cm。花序单生于叶腋内或叶腋外，有花 2～5 朵；花大，长约 8cm，黄绿色，芳香，倒垂；总花梗长 2～5mm，被短柔毛；花梗长 1～4cm，被短柔毛，有鳞片状苞片；萼片卵圆形，外反，绿色，两面被短柔毛；花瓣内外轮近等大，线形或线状披针形，长 5～8cm，宽 8～16mm，初时两面被短柔毛，老渐几无毛；雄蕊线状倒披针形，基部窄，上部宽，药隔顶端急尖，被短柔毛；心皮长圆形，被疏微毛，老渐无毛，柱头近头状羽裂；成熟心皮 10～12，有长柄，无毛。成熟的果近圆球状或卵状，长约 1.5cm，直径约 1cm，黑色。

◆**季相变化及物候**：花期：4～8 月，果期 12 月～翌年 3 月。

◆**产地及分布**：原产于泰国、印度尼西亚和马来西亚；我国云南南部、广东、海南等有栽培。

◆**生态习性**：性喜温暖、湿润及光照充足的环境，耐热、耐旱，不耐寒。对土壤要求不严，以疏松、肥沃的微酸性砂质壤土为宜。

◆**园林用途**：花香浓郁，傣族妇女最喜用以簪髻，是公园绿地、庭院、单位、小区栽培的优良树种，可孤植、丛植、群植、片植，可提制高级香精油。

◆**观赏特性**：香花植物，炎热的夏季令人心旷神怡，花朵黄绿色，花形袅娜，似飘带散落绿叶丛中，飘逸潇洒。

◆**繁殖方法**：播种繁殖。具体尚未见报道。

◆**种植技术**：选择土壤肥沃向阳的开敞地块，若肥力不足，定植时种植穴由施入适量腐熟有机肥。可截顶矮化栽培，培养株形。旺盛生长期及时补充水分。每月施肥1、2次，适当多施有机肥，或补充磷钾肥有利开花，肥料不足，香味变淡。

假鹰爪（山指甲、酒饼叶、鸡脚趾）

Desmos chinensis Lour. Fl. Cochinch.

番荔枝科（*Annonaceae*）假鹰爪属（*Desmos*）

识别特征

常绿直立或藤状灌木。枝粗糙，有纵条纹，除花外，全株无毛。叶互生，薄纸质或膜质，长椭圆形，长4～12cm，宽2～4cm，顶端钝或急尖，基部浑圆，全缘，上面光亮，下面粉绿色。花黄白色，单朵与叶对生或互生；花梗长2～5cm；萼片3，卵圆形，长3～5mm，外面被微柔毛；花瓣6，2列，外轮花大于内轮，长约7～9cm，宽约1.5～2cm，顶端钝，内轮花瓣长圆状披针形，长约6～7cm，宽约1～1.5cm；花托凸起，顶端平坦或略凹陷；雄蕊多数，楔形，药室线形，外向，花丝粗大，肉质。果有柄，念珠状，长2～5cm，内有种子1～7颗；种子球状，直径约5mm。

◆**季相变化及物候**：花期4～8月，果期6月～翌年2月。

◆**产地及分布**：产于我国广东、广西、云南和贵州；印度、老挝、柬埔寨、越南和马来西亚、新加坡、菲律宾和印度尼西亚等也有分布。

◆**生态习性**：喜光，也耐阴，但在全荫蔽下很少开花。喜温暖湿润气候，不耐寒，对土壤要求不严，喜湿也耐旱，在呈酸性至中性土壤中均能生长，但以疏松湿润的壤土生长最佳。

◆ **园林用途**：在园林绿化中可植于草地，也可用作坡地、墙隅绿化美化，装点山石、庭院、公园、道路、花坛。可采用孤植、篱植、带植、片植等方式，可大面积应用于高速公路两侧。

◆ **观赏特性**：枝叶常年浓绿，花香气浓郁持久，一树花开，满园皆香，树型美观，鹰爪形绿色、乳黄色的花朵黄绿相间。果序如串珠，果成熟过程中由绿色、经黄色、红色最后变为紫色，颇具观赏性。

◆ **繁殖方法**：播种、扦插或压条繁殖。1、播种繁殖：随采随播，或冬采砂藏至翌年春播，播后约 60～70 天发芽。2、扦插繁殖：取 1～2 年生健壮枝条，插穗长 2 节约 10～12cm，基质用河砂，插入深度为 1/2，浇水，遮阴保湿。插后约 3 个月生根发芽，用植物生长调节剂处理可提高生根率。3、压条繁殖：选 2～3 年生植株，直径约 1cm 的健壮枝条，枝长 50cm 下侧割伤入木质部的 1/4，入土中将割伤处埋藏，压实，用竹签卡住，浇水。约经 50～60 天生根后从下方剪断，带土移植于半阴处。

◆ **种植技术**：带土定植，株行距约 30～40cm，或将幼苗带土移植于营养袋中，2 年后出圃，或再移栽于圃地或较大容器中培育大苗。

十大功劳

Mahonia fortunei（Lindl.）Fedde

小檗科（*Berberidaceae*）十大功劳属（*Mahonia*）

·识别特征·

常绿灌木。叶倒卵形至倒卵状披针形，具2～5对小叶，最下一对小叶外形与往上小叶相似；叶片边缘每边具5～10刺齿，先端急尖或渐尖。总状花序4～10个簇生；花黄色。浆果球形，直径4～6mm，紫黑色，被白粉。

◆**季相变化及物候**：花期6～8月，果期9～11月。

◆**产地及分布**：产于我国广西、四川、贵州、湖北、江西、浙江。

◆**生态习性**：阴性植物。耐荫，忌烈日曝晒；具有较强的抗寒能力，不耐暑热；喜排水良好的酸性腐殖土，极不耐碱，怕水涝。土壤要求不严，在疏松肥沃、排水良好的砂质壤土生长最好，生于海拔350～2000m的山坡林下及灌木丛处或较阴湿处，阴生。

◆**园林用途**：园林中可植为绿篱、地被满栽，果园、菜园四边作为境界林，还可盆栽放在门厅入口处，会议室、招待所、会议厅、使人感觉清幽可爱，作为切花更为独特。

◆**观赏特性**：枝干酷似南天竹，叶形奇特黄花似锦典雅美观，开黄色花，果实成熟后呈蓝紫色。

◆**繁殖方法**：播种繁殖。把握采种时间、种子处理方法、播种覆土厚度和播后的精心管理。可于 5 月待其果实成熟时，采下浆果，稍加堆放后，与细砂混合搓揉，或用温水浸种，漂洗去果皮、果肉及空瘪的种粒，捞出饱满种粒，阴干后放在布袋中，挂在阴凉通风的干燥处贮藏，入冬后将种子低温砂藏至翌春，3 月播种，播后覆土 1～2cm，浇透水后放在半阴处，约 1 个月发芽。

◆**种植技术**：全年中耕锄草 3～5 次，使土壤疏松，增加土壤通透性，利于植株生长和结果。中耕时根际周围宜浅，远处可稍深，切勿伤根，利于植株生长和结果。及时疏花及拔除杂草，每当灌水和雨后都应松土。一般在早春萌动时移栽，栽植时施足底肥，栽植后压实土，浇透水。干旱时注意浇水，最好能进行灌溉，可采用沟灌、喷灌、浇灌等方式。每年入冬前浇一次腐熟饼肥或禽畜粪肥，就能健壮生长。生长季节每月施一次腐熟的稀薄液肥，每年追肥 2、3 次即可，早春适量施入饼肥。

南天竹（南天竺、天竺、栏杆竹）

Nandina domestica Thunb.

小檗科（*Berberidaceae*）南天竹属（*Nandina*）

--- 识别特征 ---

　　常绿灌木。幼枝常红色。叶互生，二至三回羽状复叶，各级羽状叶均为对生，末级的小羽状叶片有小叶 3～5 片，小叶椭圆状披针形，长 3～10cm，先端渐尖，基部楔形，全缘，有光泽，深绿色，冬季常变红色。圆锥花序顶生，长 20～35cm；花白色。浆果球形，成熟时鲜红色。

◆ **季相变化及物候**：花期 4 ～ 6 月，果期 7 ～ 11 月。

◆ **产地及分布**：原产于我国及日本。我国云南、四川、湖北、江西、浙江、安徽、河北、山东等地应用广泛，生于海拔 1200m 以下的沟旁、路边或灌丛中。

◆ **生态习性**：喜半阴环境，怕强光。喜温暖，气温在 20℃时生长良好，具有一定的耐寒能力。喜肥沃、湿润和排水良好的砂壤土。

◆ **园林用途**：可植于庭院门旁，窗前、山石、墙隅、花坛、花镜或树丛等。广泛应用于公园绿地、道路、庭院。

◆ **观赏特性**：南天竹茎干丛生，枝叶扶疏，秋冬叶色变红，有累累红果，经久不落，为赏叶观果的佳品。

◆ **繁殖方法**：播种、分株或扦插繁殖。1、播种繁殖：选择颗粒饱满的果实用清水浸泡 2 ～ 3 天待其果皮发软，再用河砂混合后搓揉去果肉、果皮，稍晾干后砂藏后熟，每隔 20 天检查一次，保持砂粒湿润，并防止种子发霉，种子露白时播种。播种前施入腐熟的饼肥。种植床一般高 10 ～ 20cm，宽 1 ～ 1.2cm，在苗床上按 15cm 的行距进行开沟，沟深约 5 ～ 7cm，将露白的混砂种子均匀撒播入播种沟内。种粒间距为 2 ～ 3cm，覆盖肥土或火烧土，以不见种子为度，加盖稻草或秸秆保湿。种子出苗前，保持土壤湿润、遮阴，一般 15 天即有 70% 以上的种粒破土而出，

分2、3次揭去覆草。当植株长出真叶，撤去遮阴网等锻炼苗。第二年3月开始，加强肥水管理，2～3年即可长成供绿化观赏的大苗。2、分株繁殖：多在春季3月萌芽前结合移栽进行，也可在秋季。分株时多带须根，并及时蘸浆后定植。分株苗2～3年即可开花。

◆**种植技术**：种植应选择半阴环境，干旱季节适当浇水，开花期浇水过多易落花，幼果发育后才可大水浇灌。春季发芽前应将果穗剪除，防止新梢偏斜和养分不足影响抽芽放花。

叶子花（九重葛、三角梅）

Bougainvillea spectabilis Willd.

紫茉莉科（*Nyctaginaceae*）**叶子花属**（*Bougainvillea*）

识别特征

藤状灌木。枝、叶密生柔毛；刺腋生、下弯。叶片椭圆形或卵形，基部圆形，有柄。花序腋生或顶生；苞片椭圆状卵形，基部圆形至心形，长2.5～6.5cm，宽1.5～4cm，暗红色或淡紫红色；花被管狭筒形，长1.6～2.4cm，绿色，密被柔毛。果实密生毛。

◆ **季相变化及物候**：冬季、春季为盛花期。

◆ **产地及分布**：原产热带美洲；我国南方栽培供观赏。

◆ **生态习性**：性喜光，为短日照植物，须充足阳光，不耐阴。喜温暖、湿润气候，不耐霜，低温会引起叶片脱落，影响花芽分化。不择土壤，耐高温贫瘠，耐干旱，但以富含腐殖质、肥沃、疏松、排水良好的壤土为宜，忌积涝适。适宜生长温度为15～30℃，夜间温度不能低于7℃。

◆ **园林用途**：可用作灌木、攀缘植物。作灌木栽培可栽植于庭院、公园绿地、道路，孤植、群植、列植均可；可作花架、拱门或高墙覆盖，形成立体花卉，垂直绿化，也可作为树桩盆景。

◆ **观赏特性**：株型潇洒自然，生机蓬勃，叶子花苞片为其观赏部位，经长期栽培和人工选育，叶子花苞片色彩艳丽，丰富多彩，有紫、红、黄、橙、白等色，花形独特，花量大、花期长，耐修剪可做各种造型。

◆ **繁殖方法**：常采用扦插、压条、嫁接繁殖。1、扦插繁殖：成活率较高，插穗宜选择一年生半木质化枝条，剪成10～15cm的一段，切口位于节的基部，必须平滑，后插于砂床内，温度要保持在20～15℃，经常喷水，保持湿润的生长环境，20～25天可生根，40天后可进行移栽定植，第二年入冬时节即可开花。另扦插前用激素处理，可促进生根，提高成活率。2、压条繁殖：一般在6～7月份进行，主要用于扦插生根困难的品种，一般采用高空压条法。在离顶端15～20cm处，进行环状剥皮，宽1.5cm，包上腐叶土并用塑料薄膜包扎，约2个月可愈合生根，秋季定植。

◆ **种植技术**：露地栽培宜在春季进行，栽植地应有充足的阳光营养丰富又排水良好的粘壤土。生长期应及时摘心处理，促使其多发侧枝，以及尽早组成繁茂树冠。用作绿篱栽植时，摘心修剪要早，防止下部枝叶空缺。营养供应中切忌氮肥过多萌生徒长枝，使开花少而影响观赏效果。3～4月修剪后，当新稍长12～15cm时，可增施0.2%的磷酸二氢钾，冬春季节开花最盛。

山龙眼

Helicia formosana Hemsl.

山龙眼科（*Proteaceae*）山龙眼属（*Helicia*）

-**识 别 特 征**-

常绿灌木。嫩枝和花序均密被锈色短绒毛。叶薄革质或纸质，长椭圆形或卵状长圆形，稀倒卵状披针形，长 12～25cm，宽 2.5～7cm，顶端渐尖或急尖，基部楔形，边缘具尖锯齿，上面无毛，下面沿中脉和侧脉具毛，毛逐渐脱落；中脉在两面均隆起，侧脉 8～10（12）对，在下面凸起；叶柄长0.3～1cm。总状花序生于小枝已落叶腋部，稀腋生，长 14～24cm；花白色或淡黄色，花梗常双生，基部彼此贴生。果球形，直径 2～3cm，顶端具钝尖，果皮干后树皮质，黄褐色，稍粗糙。

◆**季相变化及物候**：花期 4 ～ 6 月，果期 11 月～翌年 2 月。

◆**产地及分布**：原产于澳大利亚，越南北部也有分布；我国云南、广西、广东、台湾有栽培。

◆**生态习性**：阳性树种，不耐潮湿的空气湿度。对土壤要求较不严格，一般肥力中等土壤均能生长，但以土层深厚、肥沃、排水良好的、含鳞降低的微酸性的砂质土壤生长最好。

◆**园林用途**：适于种植于庭院、公园绿地中，有一定的药用价值。

◆**观赏特性**：花朵奇特，花色鲜艳，单花开放时间长，具有较好的园林观赏价值。

◆**繁殖方法**：播种或扦插繁殖。1、播种繁殖：需用植物生长调节剂处理种子并催芽后播于保护地内苗床。出苗后及时见全光。2、扦插繁殖：将半木质化长 15 ～ 20cm 长的插条，用 2000ppm 的 IAA 处理，提高生根率，母株采用 30% ～ 50% 的遮阳网遮阳可提高生根率。扦插于混合基质或净河砂，遮阴保湿。

◆**种植技术**：分春植和秋植两个时期。春植以清明前后最好。秋植在立秋至处暑最好。定植时要掌握在新梢萌发前或老熟后进行，以免影响成活和引起新梢枯死，可选阴天或下午种植。种植的密度依地势和土质而定，地势低、土质瘦瘠则较密，反之则疏。株行距为 4m×6m、6m×7m 为宜。采用三角形种植方式。植穴深宽各 80 ～ 100cm，挖穴时将表土和心土分别放置曝晒一段时间后，先回表土，后回心土。基肥用塘泥、人畜粪肥、石灰和过磷酸钙等，每穴施肥 25kg。注意与穴土混合均匀，防止浓度过高造成烧根。

短萼海桐

Pittosporum brevicalyx （Oliv.） Gagnep.

海桐花科（*Pittosporaceae*）海桐花属（*Pittosporum*）

识别特征

　　常绿灌木或小乔木。叶簇生于枝顶，二年生，薄革质，倒卵状披针形，稀为倒卵形或矩圆形；先端渐尖，或急剧收窄而长尖，基部楔形。伞房花序。蒴果近圆球形，压扁，2片裂开，果片薄。

◆**季相变化及物候**：花期4～5月，果期6～11月。

◆**产地及分布**：产于我国云南的东南部及西北部，四川、广西、贵州、西藏的东南部也有分布。

◆**生态习性**：喜光树种，也耐荫，耐水湿，稍耐干旱，较耐寒，对土壤的酸碱度要求不高，喜肥沃湿润土壤。

◆**园林用途**：可孤植于草坪、花坛中，或列植做绿篱，丛植于草坪丛林间，也可植于建筑物入口两侧及四周。

◆**观赏特性**：短萼海桐树冠饱满，枝繁叶茂，四季常绿，初夏时白花点缀其间，花香万里，果实成熟时开裂，是叶、花、果皆美的观赏植物。

◆**繁殖方法**：常用种子繁殖。短萼海桐种子量大，种子繁殖容易。将成熟的短萼海桐的球果采下后，用太阳暴晒，使球果自然开裂，开裂后将红色种子取出，用洗衣粉将表面粘质洗去，晒干备用，春节过后，待气温上升就可以播种，先将种子播在苗床上，待小苗长到3～5cm后，移植到营养袋中培育，可用直径为10cm，深15cm的营养袋。待小苗长到30～50cm时可移植到大袋中培养。

◆**种植技术**：春季开始定植，大苗带土球。春季短萼海桐生长旺盛，萌发新芽并孕育花蕾，要保持土壤湿度，可1～2天浇水1次；冬季、春季气候干燥，水分蒸发量大，可每天浇水1次，结合向植株及周围进行喷雾，湿润环境；短萼海桐周年常绿，营养消耗大，每年春、秋季要每15～20天追施全效肥 1 次，夏季要薄肥勤施；短萼海桐分枝能力、萌芽力强，耐修剪，大棵植株可根据观赏要求，在开春时进行修剪整形，经过修枝整形的植株，树形优美，价值高。如欲抑制植株生长，枝繁叶茂，应长至相应高度时，剪去枝条顶端。可在秋季植株顶稍生长基本完成时，进行短剪，保持株形。

红木（胭脂木）

Bixa orellana Linn.

红木科（*Bixaceae*）红木属（*Bixa*）

识别特征

常绿灌木或小乔木。枝棕褐色，密被红棕色短腺毛。叶心状卵形或三角状卵形，先端渐尖，基部圆形或几截形，有时略呈心形，边缘全缘，掌状，侧脉在顶端向上弯曲，上面深绿色，无毛，下面淡绿色，被树脂状腺点；叶柄无毛。圆锥花序顶生，序梗粗壮，密被红棕色的鳞片和腺毛；花较大，萼片 5，倒卵形，外面密被红褐色鳞片，基部有腺体，花瓣 5，倒卵形，粉红色。蒴果近球形或卵形，密生栗褐色长刺，2 瓣裂。

◆ **季相变化及物候**：花期 8 ～ 10 月，果期持续至翌年 4 ～ 6 月。

◆ **产地及分布**：原产于亚马孙河流域热带林边缘，向阳处；我国云南、广东、台湾等省有栽培。

◆ **生态习性**：阴性植物。性喜高温，多湿，全日照或半日照均理想。适生于肥沃湿润的酸性土壤。

◆ **园林用途**：可用作庭院观赏树，孤植、群植、片植于公园绿地或庭院中。

◆ **观赏特性**：树形丰满，分枝低矮，树冠半球形，开花时满树冠都布满粉红色的花朵，娇艳动人，花期长，叶形雅致，极具观赏性。

◆**繁殖方法**：常用播种繁殖。3月上旬至中旬果实开始成熟，5月中旬脱落，种子外露但不脱落。采果时选留较大的果实作为种子用。种子脱出后，先浸水搓去外种皮，然后适当晾干，不宜日晒，宜随采随播。播种适期为5～8月，9月以后气温转低，不宜播种。一般在湿砂床内密播，芽萌发后移至容器或苗地培育。

◆**种植技术**：选择土壤疏松肥沃、浇灌与排水良好的地方，开排灌水沟。种植时每穴施下基肥250g有机肥，与土壤充分搅拌，种植后，立杆支撑，并及时剪除萌芽，保持主干生长通直。日照充足，温、湿适宜的地方植株生长快。种植后第二年即可开花，应注意修剪造型。把主干1m以下的侧枝修除，上部枝条下垂，便可形成优良树冠。

普洱茶（大叶茶）

Camellia assamica （Mast.） Chang

山茶科（*Theaceae*）山茶属（*Camellia*）

┤ 识别特征 ├

　　常绿灌木或小乔木。嫩枝有微毛，顶芽有白柔毛。叶薄革质，椭圆形，先端锐尖，基部楔形，上面有柔毛，老叶变秃；叶边缘有细锯齿。花腋生，白色，被柔毛；花瓣6、7片，倒卵形，无毛；雄蕊离生，无毛。蒴果扁三角球形，3片裂开。

◆ **季相变化及物候**：花期 9 月～翌年 2 月，果期 7 ～ 8 月。

◆ **产地及分布**：产我国云南西南部各地。

◆ **生态习性**：喜山坡沟谷，干季云雾弥漫，空气潮湿，土壤深厚，排水良好又富有腐殖质的小环境。

◆ **园林用途**：可孤植、群植、片植于公园、庭院、道路做观景树或地被。

◆ **观赏特性**：树姿优美，冠幅宽广，叶色浓绿、花洁白。

◆ **繁殖方法**：扦插繁殖。剪取茶树植株带一叶的短枝，扦插于苗床，遮阴保湿，成活率高，繁殖周期短，能充分保持母株的性状和特性，便于管理。选取母树时应选择品种优良、生长健壮、无病虫害的品种，且其枝条、叶芽应无外力损伤。剪枝前要多施有机肥料，停止采叶，促进茶芽生长，以利于发育成健壮枝条。

◆ **种植技术**：雨季时均可栽植。多条密植栽种方式行距 30cm，丛距为 25cm，每丛移苗 2、3 株，也可根据经验和环境因地制宜。按设定的行株距开好移植沟或定穴。为保持沟内土壤湿润，最好是现开现栽。栽植时，一手扶直茶苗，一手将土填入沟中，逐层填土，层层压实，将土壤覆盖至不露须根时，用手将茶苗轻轻向上一提，使茶苗根系自然舒展。然后再适当加细土压紧，随即浇足定根水，再在茶苗根部覆些松土。定期修剪可以促进普洱茶幼树的生长，也可以维持较好树形。

红花油茶（浙江红山茶、浙江红花油茶）

Camellia chekiangoleosa Hu

山茶科（*Theaceae*）山茶属（*Camellia*）

识别特征

　　常绿灌木或小乔木，高可达 6m。嫩枝无毛。叶革质，椭圆形或倒卵状椭圆形，长 8～12cm，先端短尖或急尖，基部楔形或近圆形，上面深绿色，亮绿色，下面浅绿色，无毛。侧脉约 8 对，在正面明显，背面不明显；边缘 3/4 有锯齿；叶柄长 1～1.5cm，无毛。花红色，顶生或腋生单花，直径 8～12cm，无柄；苞片及萼片 14～16 片，宿存，近圆形，外侧有银白色绢毛。花瓣 7 片，最外 2 片倒卵形，外侧靠先端有白绢毛；内侧 5 片阔倒卵形，先端 2 裂，无毛；雄蕊排成 3 轮，外轮花丝基部连生约 7mm，并和花瓣合生，内轮花丝离生，有稀疏长毛，花药黄色；子房无毛，花柱长 2cm，先端 3～5 裂，无毛。蒴果卵球形，先端有短喙，下面有宿存萼片及苞片，木质；种子每室 3～8 粒。

◆ 季相变化及物候：花期 4 月，果期 6～8 月。

◆ 产地及分布：产我国云南西部、福建、江西、湖南、浙江等地。海拔 500～1300m 的林中或灌丛中。

◆ 生态习性：中性植物。幼时耐荫庇，成龄树需充足阳光才能正常开花结果。性喜温暖多湿的气候条件，不耐寒，喜酸性土壤，对土壤要求不高，肥力中等的酸性土壤即生长良好，较耐旱。

◆**园林用途**：宜在庭院、公园绿地、单位、小区、学校等应用，孤植、对植、列植、丛植均可。

◆**观赏特性**：株形匀称，树形优美，叶色深绿，早春开花，红艳美观。

◆**繁殖方法**：播种或扦插繁殖。1、播种繁殖：种子10月底成熟，采收后带果壳储藏或脱粒后砂藏，春季播种。夏日应适当遮阴，城市绿化宜用大苗，需移植后培育2～3年，行道树需培育5年以上。2、扦插繁殖：早春剪取嫩枝，每穗保留2、3个叶芽，上部带叶半片或1片，下部一个叶芽，蘸生根粉，插入湿砂，喷雾保湿，遮阴，1个月可生根。两个月可移栽。

◆**种植技术**：栽植后，雨季1个月中耕除草一次，适当施肥。每年入冬深挖施复合肥和有机肥。应根据土壤肥力状况、树龄大小、树势强弱、开花的大小年进行合理施肥。

厚皮香

Ternstroemia gymnanthera （Wight et Arn.） Beddome

山茶科（*Theaceae*）**厚皮香属**（*Ternstroemia*）

▸**识别特征**

　　常绿灌木或小乔木。全株无毛，树皮剥开后内皮呈红色。叶互生，革质，常聚生于枝端，呈假轮生状，椭圆形、椭圆状倒卵形至长圆状倒卵形，顶端短渐尖或急窄缩成短尖，尖头钝，基部楔形，边全缘，稀有上半部疏生浅疏齿，上面深绿色或绿色，有光泽，下面浅绿色。花两性或单性，开花时直径1～1.4cm，通常生于当年生无叶的小枝上或生于叶腋；花瓣5，淡黄白色。不开裂浆果圆球形，小苞片和萼片均宿存，宿存花柱顶端2浅裂。

◆**季相变化及物候**：花期 5～8 月，果期 8～10 月。

◆**产地及分布**：广泛分布于我国南方地区，云南的镇雄、马关、昆明、大理等地应用广泛；越南、老挝、泰国、柬埔寨、尼泊尔、不丹及印度也有分布。

◆**生态习性**：喜阴湿，喜光，较耐寒，对土壤要求不高，但在肥沃湿润的酸性土中生长更好。

◆**园林用途**：可用在公园，庭院，单位小区等作园景树或厂矿区绿化树，可配植于门庭两旁道路转角处，也可种植在林下、林缘做基础栽植材料。

◆**观赏特性**：树冠浑圆，枝平展成层，叶厚光亮，姿态优美。初冬部分叶片由墨绿转绯红，远看疑是红花满枝，分外鲜艳。是较好的观叶、观花树种。

◆**繁殖方法**：播种或扦插繁殖。1、播种繁殖：在果熟时选择健壮的母株摘取果实，采回果实后摊放在通风处阴干，开裂后取出种子，用草木灰搓去油质种皮，然后用清水洗净，阴干砂藏，次年春天播种。2、扦插繁殖：选择半木质化枝条为插穗，剪成长 10cm 左右，剪切位置在节下或叶柄下部。插前用 500mg/kg 生根粉浸泡下部 1～2 小时，插入土中 5～6cm，插后喷透水。

◆**种植技术**：宜选择土层深厚、肥沃疏松的微酸性土壤中种植。种植前整地，清除杂草，挖定植穴规格以 40cm×40cm×30cm 为宜。挖好定植穴后施基肥回土，每个定植穴施 0.25kg 复合肥，与土拌匀。定植后浇足定根水，并做好抚育管理工作。厚皮香少病虫害，只需夏秋季节及时除草，中耕浇水，并适当修剪，保持优美树形。

垂枝红千层（串钱柳）

Callistemon viminalis G. Don

桃金娘科（*Myrtaceae*）红千层属（*Callistemon*）

识别特征

　　常绿灌木或小乔木。小枝细长而弯垂。叶长 3～11cm，宽 3～10cm，互生，革质，顶端渐尖，基部渐狭，羽状脉及边脉明显，有透明的油腺点，揉搓后有芳香油气味。花稠密单生于枝顶叶腋，在细枝上排成穗状花序状，悬垂；花瓣 5，卵形，淡黄色；雄花多数，花丝及花伸长突出，红色，于枝轴上排成圆柱状，状似试管刷。蒴果碗状半球形。

◆**季相变化及物候**：花期 3～5 月、10 月，果期 7 月～11 月。

◆**产地及分布**：原产于大洋洲，我国云南、广东、香港、台湾、福建等地有栽培。

◆**生态习性**：阳性树种，喜光，也耐半阴，耐湿也耐旱，对土壤要求不高，耐贫瘠，但在肥沃、疏松、湿润、排水良好的微酸性土壤中生长更好。

◆**园林用途**：应用于公园绿地、道路、单位、小区，适合花坛中央、行道两侧、公园、绿地、庭院围篱及草坪处种植。

◆**观赏特性**：树冠茂密，树形和枝条酷似柳树，花密集聚生，形同瓶刷。雄蕊花丝细长，色泽艳红，十分美丽奇特，是良好的观花树种。

◆**繁殖方法**：种子繁殖。当外果皮灰褐色时即为果熟，果熟后不开裂，可将果枝剪下取果，在阳光下暴晒取种，取出的种子晒干贮存，于翌年2月上中旬播种。

◆**种植技术**：宜选择光照充足，土层深厚、肥沃疏松、排水性良好的微酸性土壤。定植穴中用腐熟肥做基肥，回填表土，定植后浇足定根水，并做好养护管理工作。生长期每半个月施薄肥1次，可用1000倍的尿素水溶液淋施。垂枝红千层易在雨季感染黑斑病。

金丝桃

Hypericum monogynum L.

桃金娘科（*Myrtaceae*）金丝桃属（*Hypericum*）

识别特征

半常绿灌木。小枝纤细且多分枝。叶对生，叶片倒披针形或椭圆形至长圆形，长2～11.2cm，宽1～4.1cm，坚纸质，上面绿色，下面淡绿，有透明腺点。花序疏松的近伞房状，花黄色。蒴果宽卵珠形或稀为卵珠状圆锥形至近球形。

◆**季相变化及物候**：花期5～8月，果期8～9月。

◆**产地及分布**：分布于我国河北、陕西、山东、江苏、安徽、浙江、江西、福建、台湾、河南、湖北、湖南、广东、广西、四川及贵州等省区；日本也有引种。

◆**生态习性**：喜温暖、能耐寒。以肥沃、深厚、排水良好的土壤较好。

◆**园林用途**：南方庭院的常用观赏花木、可满栽于绿地，可植于林荫树下，或者庭院角隅等。

◆**观赏特性**：金丝桃花叶秀丽，花冠如桃花，雄蕊金黄色，细长如金丝，绚丽可爱。叶片美丽，长江以南冬夏长青。

◆**繁殖方法**：分株、扦插或播种繁殖。1、分株繁殖：在冬春季进行较易成活。2、扦插繁殖：用硬枝，宜在早春萌芽前进行，也可在6～7月嫩枝扦插。3、播种繁殖：则在3～4月进行，因种子细小，播后覆土，以不见种子为度，并盖草保湿，一般20天即可萌发，第一年分栽1次，第二年可开花。雨季用嫩枝扦插效果最好，也可在早春或晚秋进行硬枝扦插。将一年生粗壮的嫩枝剪成10～15cm长的插条，顶端留2片叶子，其余均应修剪掉。清洁的细河砂或蛭石珍珠岩混合配制（1∶1）扦插基质，扦插深度以插穗插入土中1/2为准。插后遮阴，保持湿润，第二年即可移栽。

◆**种植技术**：宜选择在土层深厚、肥沃，空气湿度大，光照充足的地方。种植时一般豆饼或复合肥作基肥。春季萌发前对植株进行一次整剪，促其多萌发新梢和促使植株更新。花后及时剪残花及果有利生长和观赏。生长季土壤湿润为主，但不可积水，保持不干不浇。高温季节喷水降温增湿以防叶尖焦枯。适当补充磷钾肥则可花多叶茂。

桃金娘

Rhodomyrtus tomentosa （Ait.） Hassk.

桃金娘科（*Myrtaceae*）桃金娘属（*Rhodomyrtus*）

识别特征

　　常绿灌木，嫩枝有灰白色柔毛。叶对生，革质，叶片椭圆形或倒卵形，先端圆或钝，常微凹入，有时稍尖，基部阔楔形，上面初时有毛，以后变无毛，发亮，下面有灰色茸毛，离基三出脉，直达先端且相结合，边脉离边缘，中脉有侧脉4～6对，网脉明显。花有长梗，常单生，紫红色；花瓣5，倒卵形；雄蕊红色。浆果卵状壶形。

◆ **季相变化及物候**：花期4～9月，边开花边结果。

◆ **产地及分布**：产我国台湾、福建、广东、广西、云南、贵州及湖南最南部；分布于中南半岛、菲律宾、日本、印度、斯里兰卡、马来西亚及印度尼西亚等地。

◆ **生态习性**：喜阳光充足，温暖，湿润的环境及酸性土壤。通常零星或成片分布于山坡地疏林中。能耐干旱，瘠薄及强酸性土壤。为热带喜光性树种。耐寒力较差，能抗炎热，不耐荫蔽。

◆ **园林用途**：萌芽力极强，园林绿化中可孤植、丛植、片植或点缀绿地，能收到较好的效果，也是荒山的优良绿化植物。

◆ **观赏特性**：株形紧凑，四季常青，花先白后红，红白相映，十分艳丽，花期较长。果色鲜红至酱红。

◆ **繁殖方法**：扦插或播种繁殖。扦插繁殖：嫩枝扦插于雨季植株生长旺盛时，选当年生粗壮枝条作为插穗，剪成10～15cm长的一段，每段要带3个以上的叶节。上面的剪口在最上一个叶节的上方大约1cm处平剪，下面的剪口在最下面的叶节下方大约为0.5cm处斜剪，上下剪口都要平滑。也可在早春气温回升后，选取的健壮枝条做插穗。每段插穗通常保留3、4个节，剪取的方法同嫩枝扦插，插后遮阴保湿。

◆ **种植技术**：栽培土以排水良好的轻壤土最佳。全日照或半日照。苗木带土团。用穴垦整地，株行距为 2m×2m。定植需施足基肥，表层客土湿润时或待下雨润湿穴上层土壤后，即可种植。每 2 ～ 3 个月施肥 1 次。花后应修剪整枝。生长适温约 15 ～ 25℃，夏季需阴凉通风越夏，秋后应控制水分，以土壤表面见干时浇水为宜。平时要防治金龟子及蚜虫。

水边蒲桃（水竹蒲桃）

Syzygium fluviatile Merr. et Perry

桃金娘科（*Myrtaceae*）蒲桃属（*Syzygium*）

识别特征

常绿灌木，高 1 ～ 3m。嫩枝圆形，幼枝稍扁，干后褐色。叶革质，线状披针形，长 3 ～ 8cm，宽 7 ～ 14mm，先端钝或略圆，基部渐变狭窄，正面干后暗褐色，不发亮，有多数下陷腺点，下面黄褐色，多突起小腺点，侧脉多而密，彼此间隔 1.5 ～ 2mm，以 40° 急斜向上，离边缘约 0.3mm 处结汇成边脉，在上面不明显，在下面略突起；叶柄极短，长约 2mm。聚伞花序腋生，长 1 ～ 2cm；花蕾倒卵形，长 4mm；花梗长 2 ～ 3mm，有时无柄；萼管倒圆锥形，长 3.5mm，萼齿 4，极短；花瓣分离，圆形，长 4mm；雄蕊长 3 ～ 5cm，花柱与雄蕊等长。果实球形，宽 6 ～ 7mm，成熟时由绿色变成乳白色。

◆ **季相变化及物候**：花期 3 ～ 7 月，果期 4 ～ 9 月。

◆ **产地及分布**：产于我国云南勐腊、景洪、广东、广西、海南等省区。常见于 1000m 以下的森林溪涧边。

◆**生态习性**：阳性植物，喜光，耐半阴，喜高温高湿的气候条件，潮湿土壤环境。

◆**园林用途**：适于公园绿地、庭院、单位、小区等栽植，孤植、列植、丛植均可，特别适于栽植于水边。果可食用。

◆**观赏特性**：花白色，素雅，花丝形成绒球状花朵，似一个个小绒球挂在绿叶间，花果同放，既能看到春天的景色，又能感受秋天的果实累累。

◆**繁殖方法**：尚未见报道。

◆**种植技术**：尚未见报道。

红枝蒲桃（红车）

Syzygium rehderianum Merr. et Perry

桃金娘科（*Myrtaceae*）蒲桃属（*Syzygium*）

识别特征

常绿灌木。嫩枝红色。叶片革质，椭圆形至狭椭圆形，先端急渐尖，尖头钝，基部阔楔形，多细小腺点。聚伞花序腋生，或生于枝顶叶腋内，通常有5、6条分枝，每分枝顶端有无梗的花3朵；花瓣连成帽状。果实椭圆状卵形。

◆ **季相变化及物候**：花期6～8月。

◆ **产地及分布**：分布于我国的云南、广东、福建、广西等地。

◆ **生态习性**：适合生长在温暖湿润的地区，一般生长在常绿阔叶林中，或水边。

◆ **园林用途**：南方独具特色的稀罕红叶植物之一。树型紧凑，枝叶稠密，易修剪成型。可植于道路中间绿化带、公园绿地或庭院中以球形、层形、塔形、自然形、圆柱形、锥形等造型配

置成景，也可与景石等园林小品搭配，还可修剪成绿墙、绿篱、树篱等，群植、地被满栽，形成大型彩色景观。

◆ **观赏特性**：株型丰满而茂密，叶片和常见的红叶石楠相似。新叶四季鲜红，在其生长过程中，红色、橙色、深绿色依次呈现，且色彩持久，一株树上的叶片可同时呈现红、橙、绿3种颜色，树形优美。

◆ **繁殖方法**：播种或扦插繁殖。1、播种繁殖：红车种子具多胚性，长出的多是遗传性一致的珠心胚实生苗，故多用。但未成熟或新鲜种子萌发率较低，须用充分成熟的种子，并稍经储藏后熟再播种，播后约1周就可发芽。2、扦插繁殖：于雨季选取半木质化枝条15～20cm长，扦插基质素红壤或泥炭，遮阴保湿。

◆ **种植技术**：定植时间12月～翌年2月。对定植园地的土质要求不严。生性强健，对环

境适应性强，较少病虫害发生。栽培管理一般也较为粗放。进入结果期后，每年开花很多，但坐果率不高。实生树6～7年才开始结果。嫁接苗比实生苗提早2年结果，常用共砧，嫁接苗需培育2年。粗放栽培的红车在结果10多年后，往往出现树势衰退现象，应加强栽培管理。

纤细玉蕊

Gustavia gracillima Miers

玉蕊科（*Lecythidaceae*）莲玉蕊属（*Gustavia*）

识别特征

常绿灌木或小乔木，高可达6m。叶长卵圆形至阔披针形，老叶绿色，新叶古铜色，边缘具细齿，叶脉明显，先端渐尖，基部楔形。花期短，大约1天；花直径约10cm，雄蕊多数，花瓣玫瑰红至淡粉色，花生于茎顶或茎干上。

◆ **季相变化及物候**：花期 4 ～ 8 月。

◆ **产地及分布**：原产哥伦比亚，我国西双版纳有少量引种栽培。

◆ **生态习性**：需炎热的气候条件；温度低于 15℃ 代谢缓慢，低温时应控制浇水并停肥；易受蚜虫危害，注意防治。

◆ **园林用途**：适于公园绿地、单位、小区、学校等应用；为优良的观花树种，可孤植、丛植、群植于开阔场地，也可作盆栽树种。

◆ **观赏特性**：终年常绿，树形紧凑，叶大，嫩叶古铜色，观花观果，花瓣玫瑰红至淡粉色，花瓣半捧，色彩淡雅，似荷，有"天堂莲花"之美誉，果似小木槌，形态奇特。

◆ **繁殖方法**：尚未见报道。

◆ **种植技术**：尚未见报道。

酸脚杆

Medinilla lanceata （M.P. Nayar） C. Chen

野牡丹科（*Melastomaceae*）酸脚杆属（*Medinilla*）

识别特征

常绿灌木，高可达 2 ～ 5m。小枝钝四棱形，后圆柱形，树皮木栓化，纵裂。叶片纸质，披针形至卵状披针形，顶端尾状渐尖，基部圆形或钝，长 15 ～ 24cm，宽 3 ～ 5.5cm，边缘具疏细浅锯齿或近全缘，3 或 5 条基出脉，5 脉时其中 2 脉极细，两面无毛或仅背面被微柔毛，略被秕糠；叶面仅中脉下凹，两侧基出脉微凸，背面脉隆起；叶柄有时略被柔毛。由聚伞花序组成圆锥花序，着生于老茎或根茎的节上，长 8 ～ 25cm，宽 6 ～ 22cm，被微柔毛；苞片极小，卵形，花梗与花萼均被微柔毛；花萼钟形，具不明显的棱，密布小突起，边缘浅波状，具小突尖头；花瓣扁广卵形，顶端钝或圆形，长约 4.5mm，宽约 6mm；雄蕊几等长，基部具小瘤，药隔基部下延呈短距；子房下位，卵形，4 室，顶端具 4 齿。浆果坛形，直径约 7mm，密布小突起，被微柔毛。种子短楔形，具疏小突起。

◆ **季相变化及物候**：花期 7 ～ 12 月，果期 8 ～ 翌年 2 月。

◆ **产地及分布**：产我国云南南部的绿春、金平、屏边等地，海南亦有栽培。生于海拔 420 ～ 1000m 的山谷、山坡疏、密林中荫湿的地方。

◆ **生态习性**：喜潮湿热带气候，喜荫，夏季需避直射光；喜排水良好、土质酥松的肥沃土壤。

◆ **园林用途**：适于公园绿地、单位、小区、工厂应用，可孤植、丛植、群植或花镜栽培，

置于开阔的草地、与乔木配置或置于墙隅、水边皆宜。

◆**观赏特性**：由聚伞花序组成圆锥花序，衬托在大片的叶间，苞片显著、花浅紫色，花色艳丽夺目、观赏效果好。

◆**繁殖方法**：雨季选半木质化枝条长 12 ～ 15cm，插于泥炭或素土加河砂混合基质中，遮阴保湿，生根后逐渐增加光照。

◆**种植技术**：生长期应注意浇水、施肥，冬春干旱季节每天喷雾数次。降温期间应减少浇水，以防萎蔫。

野牡丹（山石榴、豹牙兰、大金香炉）

Melastoma candidum D. Don

野牡丹科（*Melastomataceae*）野牡丹属（*Melastoma*）

识别特征

灌木。分枝多。茎钝四棱形或近圆柱形，密被紧贴的鳞片状糙伏毛，毛扁平，边缘流苏状。叶片坚纸质，卵形或广卵形，顶端急尖，基部浅心形或近圆形，长 4～10cm，宽 2～6cm，全缘；叶柄长 5～15mm，密被鳞片状糙伏毛。伞房花序生于分枝顶端，近头状，有花 3～5 朵；花瓣玫瑰红色或粉红色，倒卵形，长 3～4cm，顶端圆形，密被缘毛。蒴果坛状球形，与宿存萼贴生。

◆ **季相变化及物候期**：花期 3～12 月，果期 10～翌年 3 月。

◆ **产地及分布**：产我国云南、广西、广东、福建、台湾。生于海拔约 120m 以下的山坡松林下或开朗的灌草丛中，是酸性土壤常见的植物。印度支那也有分布。

◆ **生态习性**：阳性植物，在气温 25℃左右、阳光充足的地区几乎全年开花。喜温暖湿润的气候环境，极耐旱，稍耐瘠薄，为酸性土壤常见植物。

◆ **园林用途**：可孤植、丛植或片植于庭院、公园绿地、道路，花镜栽培或花坛或盆栽观赏。

◆ **观赏特性**：野牡丹花朵由 5 片花瓣组成，花色为玫瑰红色或粉红色，在阳光下闪闪动人，令人惊艳。花苞陆续开放，花期可达全年。

◆ **繁殖方法**：播种或扦插繁殖。1、播种繁殖：随采随播。种子发芽率低，适于室内盆中密播后移植。表土应过细孔筛，淋足水后再覆盖一层厚约 0.5cm 的细土，用板压平，然后将种子均匀撒播，每平方米约 1～2g 种子。播种时间 3～5 月，播种后应置于 70% 的遮阴棚内，20～25℃下 15 天陆续发芽，苗期用喷雾器浇水。2、扦插繁殖：播种繁殖发芽率低，幼苗生长速度慢，常用用扦插快速繁殖幼苗，取植株顶端两个节位幼嫩枝条当插穗，扦插于透气性及排水性良好的介质中。素红土＋泥炭土＋细砂（2:1:1）或者泥炭土＋珍珠石＋细砂（2:1:1）生根率均可达 98%。扦插后空气湿度控制在 90% 左右，温度 20℃以上，一般 14 天左右即可长根。除寒冬期间

扦插效果较差外，其余全年均适宜扦插。

◆**种植技术**：选择向阳地块栽植，水分管理对野牡丹甚为重要，应保持土壤有充足的水分；野牡丹对肥料的选择要求不高，一般可 2 个月施一次复合肥。野牡丹科植物对病虫害有极佳的抗性，主要是吃叶害虫危害。

扶桑（朱槿、佛槿、大红花、中国蔷薇）

Hibiscus rosa-sinensis L.

锦葵科（*Malvaceae*）**木槿属**（*Hibiscus*）

识别特征

　　常绿灌木。小枝圆柱形，疏被星状柔毛。叶阔卵形或狭卵形，先端渐尖，基部圆形或楔形，边缘具粗齿或缺刻，两面除背面沿脉上有少许疏毛外均无毛；叶柄上面被长柔毛；托叶线形，被毛。花单生于上部叶腋间，常下垂，花梗疏被星状柔毛或近平滑无毛，近端有节；小苞片 6、7，线形，疏被星状柔毛，基部合生；萼钟形，长约 2cm，被星状柔毛，裂片 5，卵形至披针形；花冠漏斗形，玫瑰红色或淡红、淡黄等色，花瓣倒卵形，先端圆，外面疏被柔毛；平滑无毛；花柱 5。蒴果卵形，平滑无毛，有喙。

◆**季相变化及物候**：花期全年。

◆**产地及分布**：原产我国等东亚地区，全世界尤其是热带及亚热带地区种植普遍。云南南部、广东、台湾、福建、广西、四川等省区栽培。

◆**生态习性**：喜温暖湿润、向阳的环境，不耐干旱，不耐霜冻，冬季平均气温不能低于15℃，温度过低引起落叶，影响来年开花。扶桑花期甚长，在气温 15 ~ 20℃ 条件下，全年开花不断。抗性强，管理较粗放，不需要特殊管理。

◆**园林用途**：多用于观花绿篱。适于公园绿地、道路、单位、小区等栽培；多用来美化篱笆或庭院；在南方多散植于池畔、亭前、道旁和墙边，盆栽朱槿适用于客厅和入口处摆设。

◆**观赏特性**：花色鲜艳夺目，朝开暮萎，姹紫嫣红，花大形美。品种繁多，是著名的观赏花木。

◆**繁殖方法**：扦插繁殖。雨季可在室外进行扦插；选择一年生健壮枝条，剪成 10cm 左右，切后将下部叶片剪除，上部每一片叶剪去 1/2，扦插距离以插穗的叶片互不接触为准，一般约 4cm 左右，深度可约 2 ~ 3cm。插后宜庇荫，并盖塑料薄膜保持湿度，约 1 个月可生根。

◆**种植技术**：扶桑栽植用土宜选用疏松、肥沃的砂质壤土，每年早春 4 月进行栽植为宜。栽植株距应根据栽植苗的大小而定，一般 1m×1m 为宜。为了保持树型优美，着花量多，可于早春栽植前后进行修剪整形，各枝除基部留 2、3 芽外，上部全部剪截，剪修可促使发新枝，长势旺盛，株形美观。修剪后适当节制水肥。春夏生长旺季要加强肥水。每隔 7 ~ 10 天施一次稀薄液肥，水分见干见湿。秋季后期少施肥，以免抽发秋梢，秋梢组织幼嫩，抗寒力弱。扶桑不耐霜冻，越冬温度要求不低于 5℃。

滇南
园林植物（灌木与藤本）

46

黄槿（桐花、海麻、糕仔、树麻）

Hibiscus tiliaceus L.

锦葵科（*Malvaceae*）木槿属（*Hibiscus*）

识别特征

　　常绿大灌木至小乔木。叶广卵形或近圆形，单叶，互生，革质，顶端急尖，基部呈心形，掌状脉，7～9条，全缘或微波状齿缘，疏披星状毛，背面浅灰白色，密披茸毛和星状毛，长约7～15cm。花为总状花序，单生于叶腋，或由数朵排成腋生或顶生；苞片一对，小苞7～10枚；花冠钟形，黄色，中央暗紫色；花瓣外面披星状毛，长约5cm；花萼裂片5裂，顶端渐尖，披短柔毛，长约2cm。果为椭圆形蒴果，果皮具黄色柔毛。

◆**季相变化及物候**：花期全年，以夏季最盛。

◆**产地及分布**：主要分布于我国华南地区广东、福建、云南、台湾；越南、缅甸、柬埔寨、印度、印尼、菲律宾、马来西亚、老挝等地亦有分布。

◆**生态习性**：阳性植物，喜强光；生性强健，耐旱、耐贫瘠；以砂质壤土为佳；抗风力强，有防风固沙之效；耐盐碱。

◆**园林用途**：可作园景树，宜孤植、丛植、群植于公园绿地、单位、小区、道路，嫩枝叶可供食用。

◆**观赏特性**：观花期长、花大、纯黄色十分耀眼；民间取其叶制粿，故有"粿叶"之称，是南亚热带、热带优良的观花观叶植物。

◆**繁殖方法**：播种或扦插繁殖。1、播种繁殖：种子种皮厚、坚硬，不易吸水，播种用浓硫酸拌种后清水浸泡可促进种子发芽，用浓硫酸拌湿种子15min后清洗干净，并置于清水中浸泡24h，捞起沥干水即可用于播种。经过处理的种子可直接点播在装填了基质的营养袋中，每个袋点播2、3粒种子，覆细土盖以不见种子为宜，播种后用70%的遮阳网覆盖保湿。幼苗出土并长出真叶后揭开遮阳网。2、扦插繁殖：可快速培育大苗，剪半木质化枝条每20cm为一段或锯枝干1～2m，扦插于素土，约1～2个月能生根。

◆**种植技术**：幼株注意水分补给，春至夏季施肥2、3次。成株后管理可粗放。每年早春修剪整枝，以控制植株高度。

红桑

Acalypha wilkesiana Muell.-Arg.

大戟科（*Euphorbiaceae*）铁苋菜属（*Acalypha*）

识别特征

常绿灌木。叶纸质，互生，阔卵形，古铜绿色或浅红色，常有不规则的红色或紫色斑块，顶端渐尖，基部圆钝，边缘具粗圆锯齿，下面沿叶脉具疏毛；基出脉3～5条；具疏毛；托叶狭三角形，基部具短毛。雌雄同株，通常雌雄花异序，团伞花序。种子球形。

◆**季相变化及物候**：花期几乎全年。

◆**产地分布**：原产于太平洋岛屿的波利尼西亚或斐济等地；现广泛栽培于热带、亚热带地区；我国台湾、福建、广东、海南、广西和云南的公园和庭院有栽培。

◆**生态习性**：阳性植物，较耐阴。性喜温暖、湿润、光照良好的环境。不耐霜冻，耐高温，气温越高生长越旺盛，生长适温 20～30℃，冬季 13℃以下呈休眠状态，会有半落叶现象。

◆**园林用途**：在南方地区孤植常作庭院或列植、丛植公园绿地中作绿篱和观叶灌木，可配置于其他灌木丛中点缀色彩。

◆**观赏特性**：叶色富于变化，红色、绛红色、砖红色间有深绿、红、紫色条纹或斑块。叶形奇特，缤纷美艳，夏季在阳光下，分外娇艳耀眼；冬季布置会堂极为壮观。

◆**繁殖方法**：扦插繁殖。6～8 月雨季最宜，剪取 1 年生健壮嫩枝，剪截成 12～15cm，留顶端 2 个片叶，待切口的乳汁晾干后插入砂床。用塑料薄膜覆盖，保持较高空气湿度和温度，25～30℃条件下，插后 20 天左右生根。温室中一年四季均可进行扦插。

◆**种植技术**：对土壤要求不严格，但以偏碱性土壤生长良好；具一定抗旱能力，在排水不良的田块生长较差。应选择地势平坦，排灌方便的地块，做平畦，精细整地。红桑喜肥，整地前每 667m² 施腐熟人粪尿 1500kg，然后做畦。移栽半个月后每 667m² 追尿素 10kg；半月后进行第 2 次追肥，每次追肥均以氮肥为主的稀薄液肥，若施速效氮肥，可结合浇水进行。及时中耕除草，可适当修剪，形成丰满的株型。

变叶木（洒金榕、变叶月桂）

Codiaeum variegatum （L.） A. Juss.

大戟科（*Euphorbiaceae*）变叶木属（*Codiaeum*）

识别特征

常绿灌木。枝条有明显叶痕。叶薄革质，形状大小变异很大，顶端短尖、渐尖至圆钝，基部楔形、短尖至钝，边全缘、浅裂至深裂。总状花序腋生，雌雄同株异序，白色。蒴果近球形，稍扁，无毛。

◆ **季相变化及物候**：花期 9～10 月，很少见果。

◆ **产地及分布**：原产于亚洲马来半岛至大洋洲；现广泛栽培于热带地区。我国南部各省区常见栽培。

◆ **生态习性**：阳性植物；喜高温、多湿润、向阳之地；好粘重肥沃、保水性强的土壤；不耐寒。

◆ **园林用途**：变叶木适宜栽植在路旁、屋边、篱障前作花篱栽植，或在树林边、草丛角隅丛植点缀，也可盆栽做布景。

◆ **观赏特性**：株形繁茂，叶形多姿并具黄色及彩斑，色彩多样，彩色叶片四季艳美，可为环境增添热烈欢快的情趣。是布置厅堂、庭院，点缀林缘、绿地的优良观叶植物。

◆ **繁殖方法**：扦插繁殖。5～6 月间选生长粗壮的顶部枝条，长约 10～15cm，洗去切口白浆，蘸木炭粉，插于底温 24℃清洁粗沙基质中，约 30 天生根。

◆**种植技术**：对土壤要求不严，以稍带粘质、排水良好的土壤栽培为佳。变叶木栽培较为简单，幼苗每20天左右施肥一次，老株最好每7～10天施肥1次。生长期应注意施肥，也可施长效肥。夏季生长量大时需多施氮肥，在温度低于15℃以下可不施肥。变叶木易受介壳虫、红蜘蛛等害虫危害。

红背桂（青紫木、东洋桂花）

Excoecaria cochinchinensis Lour.

大戟科（*Euphorbiaceae*）海漆属（*Excoecaria*）

识别特征

　　常绿灌木。叶对生，稀兼有互生或近3片轮生，纸质，叶片狭椭圆形或长圆形，顶端长渐尖，基部渐狭，边缘有疏细齿，两面均无毛，正面绿色，背面紫红或血红色；中脉于两面均凸起，侧脉8～12对，弧曲上升，离缘弯拱连接，网脉不明显。花单性，雌雄异株，聚集成腋生或稀兼有顶生的总状花序。蒴果球形。

◆**季相变化及物候**：花期6～7月，结果期全年。

◆**产地及分布**：原产越南，分布于我国华南南亚热带常绿阔叶林区云南、广东、广西等南部地区。

◆**生态习性**：中性植物，耐半阴，忌阳光曝晒，夏季放在庇荫处，可保持叶色浓绿。不耐干旱，不甚耐寒，生长适温 15～25℃，冬季温度不低于5℃。要求肥沃、排水好的砂壤土。

◆**园林用途**：是我国华南庭院中常见观叶灌木，适宜墙边、路旁树下、林缘栽植，或在山石角隅点缀，北方多用于供厅堂、会场作观叶植物布置，南方丛植或片植用于庭院、公园绿地、单位、居住小区。

◆**观赏特性**：红背桂株形矮小，叶面上绿下红，红绿交映，枝叶飘飒，清新秀丽。

◆**繁殖方法**：扦插繁殖。扦插时间6～7月。选健壮半木质化枝条，以树冠中、上部向阳面的枝条为佳，一个节间剪取一个短穗，短穗长3cm，每个短穗上留1片叶和腋芽。然后将剪好的短穗在生根粉稀释液中浸20s后捞出待插；插条一般随剪随插，入土深度为插条的2/3，株距3cm，行距2cm。

◆**种植技术**：苗圃应选择地势平坦、土壤结构疏松、土层肥厚的微酸性砂质壤土为宜，地下水位低、排灌方便、通风向阳之处。苗床宽0.9m，高1.5m，步道宽0.4m，床面要整平，整地时每100m长畦面用5kg的$FeSO_4$进行土壤消毒，畦内土壤耙细。可在每床面中央铺设管道装设自动微喷设施。畦面采用棚高2m，遮阴率为50%的遮阴网覆盖。在生长期需常浇水。冬季保持偏干的管理。种植时，可适时施复合肥作底肥，生长期半月施一次含氮磷钾的复合肥，花期可加喷两次0.2%的磷酸二氢钾溶液。盛夏和冬季不施肥。需要适当修剪。

虎刺梅

Euphorbia milii Ch. des Moulins

大戟科（*Euphorbiaceae*）大戟属（*Euphorbia*）

识别特征

　　常绿蔓生灌木。茎多分枝，具纵棱，密生硬而尖的锥状刺，刺长 1～2cm，常呈 3～5 列排列于棱脊上，呈旋转。叶互生，通常集中于嫩枝上，倒卵形或长圆状匙形，长 1.5～5cm，宽 0.8～1.8cm，先端圆，具小尖头，基部渐狭，全缘。花序 2、4 或 8 个组成二歧状复花序，生于枝上部叶腋；苞叶 2 枚，肾圆形，上面鲜红色，下面淡红色。蒴果三棱状卵形。

◆ **季相变化及物候**：花果期全年。

◆ **产地及分布**：原产非洲的马达加斯加，广泛栽培于旧大陆热带和温带；我国南北方均有栽培。

◆ **生态习性**：阳性植物。喜温暖、湿润和阳光充足的环境。稍耐阴，耐高温，耐旱，不耐寒。以疏松、排水良好的腐质土为最好。

◆ **园林用途**：虎刺梅浑身长刺，花朵繁茂，可作花镜、地被、绿篱等，广泛应用于园林绿地，也可加工做盆景。

◆**观赏特性**：虎刺梅栽培容易，开花期长，红色苞片，鲜艳夺目，受大众喜爱。

◆**繁殖方法**：扦插繁殖。在温度适宜的条件下，四季均可进行，春、秋两季温度最适宜，夏季季雨水较多，扦插苗易烂根，导致成活率不高。结合春季修剪，从母株上选取上年成熟、粗壮的枝条，剪成 12～15cm 一段，立即用草木粘剪口，防止剪口白色乳液不停外溢，待稍干后再进行扦插，插穗枝条略微发软、剪口变干后，按株行距 5cm×5cm插于砂床或排水良好的素土中，插穗入土 4～5 cm，注意扦插不宜过深，同时把叶片和顶花摘掉，浇足水，保持温度 15～25℃，

并用荫棚遮光，以利成活。约 2～3 天后，适量喷水，保持扦插基质润湿，大约一个半月后，开始生根，注意浇水。

◆**种植技术**：苗长至 6.5cm 以上，具 4～7 片叶及 5～8 条根，即可移栽。栽植环境应向阳排水良好，水分管理偏干，施肥注意补充磷钾肥，以促使花色鲜艳。

一品红（圣诞花、猩猩木）

Euphorbia pulcherrima Willd. ex Kl

大戟科（*Euphorbiaceae*）**大戟属**（*Euphorbia*）

识别特征

　　常绿灌木。叶互生，卵状椭圆形、长椭圆形或披针形，先端渐尖或急尖，基部楔形或渐狭，绿色，边缘全缘或浅裂或波状浅裂；叶面被短柔毛或无毛，叶背被柔毛；叶柄无毛。无托叶；苞叶 5～7 枚，狭椭圆形，通常全缘，极少边缘浅波状分裂，朱红色。花序数个聚伞排列于枝顶。蒴果，三棱状圆形。

◆**季相变化及物候**：花果期10月～翌年4月。

◆**产地及分布**：原产墨西哥及中美洲。广泛栽培于热带和亚热带，我国广东、海南、西双版纳与普洱等地均有栽培。

◆**生态习性**：短日照植物，性喜阳光充足、温暖、土壤湿润肥沃，pH6左右。排水通气良好的肥沃轻松土壤。对水分要求严格，土壤湿度过大易导致根部腐烂，湿度过低则植株生长不良，均会造成落叶。

◆**园林用途**：丛植、片植于公园绿地、单位、小区、道路供观赏；亦可片植于花坛内组织植物景观图案。

◆**观赏特性**：一品红自然花期在冬春，花期长，苞片色红艳，夺目，可为元旦、春节增添喜庆气氛，或作花坛材料，易控制花期，周年供应，是园艺上重要观花植物。

◆**繁殖方法**：扦插繁殖。硬枝插可在春季结合整形修剪进行。剪健壮枝中下段的10cm长作插穗，切口蘸上草木灰，稍干后再插入干培养土中，1日后浇水，成活后可移栽。嫩枝插则取有6～8片叶的嫩梢，去除基部大叶，剪平下端切口，立即投入清水中，阻止乳汁外流，然后扦插，在22℃下约30～40天生根。

◆**种植技术**：选择阳光充足、温暖湿润、pH6左右排水通气良好的肥沃轻松土壤种植。种植前施足基肥，覆盖园土，浇足水分。一品红的根系对水分、温度、氧气和肥料浓度比较敏感。经3～4周生长后即可进行摘心，从基部往上数，留45片叶子，把枝端剪去，使其发出3、4个侧枝，形成具有多个花头的植株。追肥，忌施浓肥，肥料可用腐熟的饼肥水，根据实际情况不定期松土除杂草。

琴叶珊瑚

Jatropha integerrima Jacq.

大戟科（*Euphorbiaceae*）麻疯树属（*Jatropha*）

识别特征

常绿灌木。单叶互生，倒阔披针形，常从生于枝条顶端；叶纸质，互生，叶形多样，卵形、倒卵形、长圆形或提琴形，长 4～8cm，宽 2.5～4.5cm，顶端急尖或渐尖，基部钝圆，近基部叶缘常具数枚疏生尖齿，叶基有 2、3 对锐刺，叶面为浓绿色，叶背为紫绿色，幼叶下面紫红色。聚伞花序顶生，红色。蒴果成熟时呈黑褐色。

◆ **季相变化及物候**：花期春季至秋季。

◆ **产地及分布**：原产中美洲，我国南方多有栽培。

◆ **生态习性**：阳性植物。喜充足的光照，稍耐半荫；喜高温高湿环境，怕寒冷与干燥，越冬要保持在 12℃以上。以疏松肥沃富含有机质的酸性砂质土壤为最佳。

◆ **园林用途**：花朵虽然不大，由于花期长，无论什么时候，都可以看到红色小花，是庭院常见的观赏花卉，被广泛应用于城市绿地。

◆ **观赏特性**：叶形像琴，五片花瓣，黄色花心，蓓蕾像一颗鲜艳饱满的红豆。一年四季，盛开的花朵，均为红色或粉红色，颇具观赏性。

◆ **繁殖方法**：扦插繁殖。选择嫩枝扦插，在生长期剪取半木质化带顶芽的枝条长 20cm 左右，保留 2/3 叶片，用 500ppm 萘乙酸或 800ppm 吲哚丁酸快浸 5～7s，扦插于砂床，全光照喷雾，25 天左右可生根。

◆ **种植技术**：待琴叶珊瑚插条生根后移植上袋培养，袋土为疏松培养土，待小苗高长到 30cm 左右可下地定植，定植后注意水分管理，定植成活后按常规方法管理，注意加强水肥供应。定植的琴叶珊瑚幼苗在成活后薄施第一次水肥，10 天后再施一次，水肥应薄肥勤施，保证植株

获取充足养分，生长健壮。在花蕾形成前追施磷肥，叶面喷施磷酸二氢钾 1、2 次，可促进开花，花大色彩鲜艳。应注意冬季防寒，冬季追施钾肥，可提高其抗寒能力。琴叶珊瑚生性强健，耐修剪，但由于其一般以自然树形为主，所以栽培过程中以轻剪为主，平时仅修剪枯枝、弱枝即可，任其自然成型，枝叶形态优雅。

佛肚树

Jatropha podagrica Hook.

大戟科（*Euphorbiaceae*）麻疯树属（*Jatropha*）

识别特征

常绿灌木。茎基部或下部通常膨大呈瓶状。枝条粗短，肉质，具散生突起皮孔，叶痕大且明显；叶盾状着生，轮廓近圆形至阔椭圆形，长 8～18cm，宽 6～16cm，顶端圆钝，基部截形或钝圆，全缘或 2～6 浅裂，上面亮绿色，下面灰绿色，两面无毛。掌状脉 6～8，其中上部 3 条直达叶缘。叶柄长 8～16cm，无毛；托叶分裂呈刺状，宿存。花序顶生，具长总梗，红色；花瓣倒卵状长圆形，红色。蒴果椭圆状，具 3 纵沟。

◆ **季相变化及物候**：花期几乎全年。

◆ **产地及分布**：原产中美洲或南美洲热带地区，中国多省均有栽培。

◆ **生态习性**：阳性植物。喜阳光，最适宜在 22 ～ 28℃的环境中生长。适宜在排水良好的砂壤土中生长。

◆ **园林用途**：生性强健，栽培容易，适于公园绿地、庭院、道路栽培。也是室内盆栽的优良花卉。

◆ **观赏特性**：佛肚树株形奇特，以其粗大且贮有大量水分的瓶状树干而引人注目，独木成景，形态怪异，一年四季开花不断。

◆ **繁殖方法**：嫁接或播种繁殖。1、嫁接繁殖：在春、秋季选带膨大球茎的佛肚树作为接穗，连根挖出，去掉部分叶，保留球茎下 15 ～ 20cm 主根，其余剪除，冲洗净泥土，放在荫凉处风干水分；待其表面水份风干后嫁接；采用劈接法嫁接，膏桐为砧木，在适当的位置截干，把接穗球茎下的主根削成契形，长为 9 ～ 11cm，插入劈开的砧木，将形成层对齐，插紧；塑料胶带绑扎，待接口完全愈合自然增粗，约 6 个月后解出绑带；依上述步骤在膏桐上进行嫁接，这样膨大球茎就移到膏桐树上成为一棵新的植株共同生长。2、播种繁殖：选用籽粒饱满的种子。用温热水浸泡种子 12 ～ 24h，直到种子吸水并膨胀。点播，覆土厚度为种粒的 2 ～ 3 倍。播后可用喷雾器、细孔花洒把播种基质淋湿，以后当基质略干时浇水，注意浇水不能把种子冲起；播种后保温保湿；幼苗出土后，及时揭去薄膜，接受全光照；长出 3 片或以上叶子可移栽。

◆ **种植技术**：向阳、排水良好处，定植后浇一次透水，以后水分偏干管理。基肥应选用富含磷钾的马蹄片或牛角、骨粉等长效肥。

西南栒子

Cotoneaster franchetii Bois

蔷薇科（*Rosaceae*）栒子属（*Cotoneaster*）

识别特征

半常绿灌木。枝张开，呈弓形弯曲，暗灰褐色或灰黑色，嫩枝密被糙伏毛。叶片厚，椭圆形至卵形，长2～3cm，宽1～1.5cm，先端急尖或渐尖，基部楔形，全缘，上面幼时具伏生柔毛，下面密被带黄色或白色绒毛。花5～11朵，成聚伞花序，生于短侧枝顶端，总花梗和花梗密被短柔毛；花直径6～7mm，萼筒钟状，花瓣直立，粉红色。果实卵球形，橘红色。

◆**季相变化及物候**：花期6～7月，果期9～11月。

◆**产地及分布**：产我国西南四川、云南、贵州各省；泰国也有分布。

◆**生态习性**：喜光，稍耐阴，耐寒，耐干旱瘠薄，不耐水湿。

◆**园林用途**：目前园林中应用不广泛，宜孤植、丛植公园或庭院中作绿篱和观果灌木，可配置于其他灌木丛中点缀色彩。

◆**观赏特性**：结实繁多，入秋颗颗红艳夺目，累累挂满枝头，如镶嵌的粒粒红色玛瑙，烁烁生辉。

◆**繁殖方法**：播种繁殖。如种子不经处理，需 1～2 年方可萌芽；一般在常温和低温 3～5℃ 的条件下砂藏各 3 个月，或用硫酸处理 2h 后低温砂藏 3 个月，播后可当年发芽。为保持优良性状，多用扦插法繁殖。栽培容易，管理粗放。

◆**种植技术**：进行深翻熟化，可以改良土壤，增加土壤的通透性，促进树体生长。及时施基肥，以补充树体营养，基肥以有机肥为主，每平方米开沟施有机肥 5～6kg，加施尿素 0.03kg，过磷酸钙 0.07kg，草木灰 0.75kg。一般 1 年追 3 次肥，在 3 月中旬树液开始流动时，每株追施尿素 0.5～1kg，以补充树体生长所需的营养，为提高坐果率打好基础。7 月末花芽分化前每株施尿素 0.50kg、过磷酸钙 1.50kg、草木灰 5kg，以促进果实生长。谢花后施磷钾肥以提高坐果率。花后结合追肥浇水。

小叶栒子（铺地蜈蚣、地锅把、小黑牛筋）

Cotoneaster microphyllus Lindl.

蔷薇科（*Rosaceae*）栒子属（*Cotoneaster*）

识别特征

常绿矮生灌木。枝条开展，小枝圆柱形，红褐色至黑褐色，幼时被黄色柔毛，老则逐渐脱落。叶片厚革质，倒卵形至长圆状倒卵形，长 4～10mm，宽 3.5～7mm，先端钝圆，稀微凹或急尖，基部宽楔形，上面无毛或疏被柔毛，背面被带灰白色短柔毛，边缘反卷；叶柄长 1～2mm，被短柔毛；托叶细小，早落。花通常单生，稀 2、3 朵，直径约 1cm，花梗极短；萼筒钟状，外面被疏短柔毛，内面无毛，萼片卵状三角形，先端钝外面稍被短柔毛，内面无毛或仅先端边缘上有少数柔毛；花瓣白色，平展，近圆形，长与宽各约 4mm，先端钝；雄蕊 15～20 枚，较花瓣短；花柱 2，离生，稍短于雄蕊；子房先端被短柔毛。果实球形，红色，内常具 2 核。

◆季相变化及物候：花期 5～6 月，果期 8～9 月。

◆产地及分布：产我国西南一带的云南、四川、西藏、青海东部。生于海拔 2500～4100m 的多石山坡地、灌木丛中。印度、缅甸、不丹、尼泊尔均有分布。

◆生态习性：喜光，也稍耐阴，喜空气湿润的环境；耐土壤干旱、瘠薄，耐寒性强，但不耐涝，适应性强，能在岩石中生长。

◆园林用途：适合各类绿地应用，是优良的观赏基础栽植植物，适宜配植在岩石园、庭院角隅、沿墙壁边缘及草坪边缘，也可作为裸露地的覆盖植物；孤植、列植、丛植、群植均可，也可制作盆景。

◆观赏特性：枝叶密集，枝横展株型规整，叶小枝密，花密集枝头，晚秋叶片颜色红亮，红果累累。

◆**繁殖方法**：播种或扦插繁殖。1、播种繁殖：9～10月果熟时采收，浸泡后搓去果皮，取种洗净即播，翌年春季出苗。2、扦插繁殖：用一年生硬枝于3～4月扦插，也可在雨季用当年生嫩枝扦插，插穗长8～10cm，剪去下部叶片，插入1/3～1/2。遮阴保湿，插后1～2个月生根。

◆**种植技术**：应选排水良好的地段栽植，春秋两季皆宜移植，但以春季为好，大苗需带土球。花前以磷肥为主，花后以钾肥为主，可使花果繁多、果色红艳，提高果实观赏效果。平时管理需注意树形修剪，使枝条分布均匀并有层次。

牛筋条（白牛筋）

Dichotomanthus tristaniaecarpa Kurz

蔷薇科（*Rosaceae*）牛筋条属（*Dichotomanthus*）

识别特征

常绿灌木至小乔木。枝条丛生，小枝幼时密被黄白色绒毛。叶片长圆披针形，有时倒卵形、倒披针形至椭圆形，先端急尖或圆钝并有凸尖，基部楔形至圆形，全缘，上面无毛或仅在中脉上有少数柔毛，光亮，下面幼时密被白色绒毛，逐渐稀薄，侧脉7～12对，下面明显；叶柄粗壮，密被黄白色绒毛；托叶丝状，不久脱落。花多数，密集成顶生复伞房花序，总花梗和花梗被黄白色绒毛。果突出于肉质红色杯状萼筒之中。

◆**季相变化及物候**：花期4~5月，果期8~11月。

◆**产地及分布**：原产我国云南、四川。

◆**生态习性**：阳性植物。喜光照，也稍耐阴湿，抗寒力强，耐干旱瘠薄，对土壤适应性广，以湿润肥沃的微酸性砂质土壤生长最为良好。深根性。生于山野荒坡上。

◆**园林用途**：在园林中可作绿篱、林缘或墙垣的装饰，可孤植、丛植或片植。

◆**观赏特性**：叶面深绿，秋季变红，冬季枯叶不落，是良好的常绿观叶园林树种。

◆**繁殖方法**：播种繁殖。用0.5%高锰酸钾溶液消毒砂床并用清水浇洗数次。将晾干备用的种子均匀撒播在砂床上，用新鲜湿润的中细砂覆盖，厚度约3cm，可延长芽苗在沙中生长的时间，延缓顶芽膨大变绿，从而增加芽苗的高度，利于切根移栽。保持沙床湿度，经常通风换气，床面干时用清水适度浇淋，2月下旬温度回升，种子发芽时应适量增加浇水次数。

◆**种植技术**：挖穴定植。挖长宽60cm，深50~60cm，施入猪牛粪20kg左右，过磷酸钙1~2kg。施肥后覆土定植，栽后浇适水。定植时间以11月~次年3月为宜。采用自然开心形或主干疏层形，60cm左右定干，栽后2~3年开花结果。栽后当年一般可不施肥，以后每年施肥2、3次，6~7月果后施肥，11~12月施促花肥，3月施促叶肥。施肥以有机肥为主，加施磷肥。注意中耕除草，防治病虫。

红叶石楠

Photinia fraseri 'Red robin'

蔷薇科（*Rosaceae*）石楠属（*Photinia*）

识别特征

常绿灌木或小乔木。叶片革质，长椭圆形、长倒卵形或倒卵状椭圆形，先端尾尖，基部圆形或宽楔形，边缘有疏生具腺细锯齿，近基部全缘，上面光亮，早春嫩叶为红色。复伞房花序顶生，花白色。果实球形，红色，后成褐紫色。

◆**季相变化及物候**：花期4～5月，果期10月。

◆**产地及分布**：原产地不详，日本、印度尼西亚也有分布。中国华东、中南及西南地区均有栽培。

◆**生态习性**：喜强光照，也有红叶石楠有很强的耐荫能力。喜温暖、潮湿、阳光充足的环境。耐寒性强，能耐最低温度 -18℃。适宜各类中肥土质。耐土壤瘠薄，有一定的耐盐碱性和耐干旱能力。不耐水湿。红叶石楠生长速度快，萌芽性强，耐修剪，易于移植，成形。

◆**园林用途**：群植或片植用作地被，在庭院、草坪、花坛、广场、公路立交桥两侧的互通绿地中，片植后修剪出平面的、立体的各式几何形色彩图案组织植物造景。被誉为"红叶绿篱之王"。

◆**观赏特性**：枝繁叶茂，树冠圆球形，早春嫩叶绛红，初夏白花点点，秋末累累赤实，冬季老叶常绿，园林观赏价值高。其新梢和嫩叶鲜红且持久，艳丽夺目，果序亦为红色，冬春季节，红绿相间，是绿化中不可多得的红叶彩叶植物。

◆**繁殖方法**：扦插或组培繁殖。扦插繁殖：一般在 3 月上旬春插，6 月上旬夏插，9 月上旬秋插。采用半木质化的嫩枝或木质化的当年生枝条，剪成一叶一芽，长度约 3 ～ 4cm，切口要平滑。扦插前，切口用生根剂处理，提高成活率。扦插深度以 3cm 为宜，密度为每平方米 400 株。插好后立即浇透水。扦插后经常检查苗床，基质含水量保持在 60% 左右，棚内空气湿度保持在 95% 以上，棚内温度控制在 38℃ 以下，15 天后，部分插条开始发根，应适当降低基质含水量。

◆**种植技术**：种植地土壤以质地疏松、肥沃、微酸性至中性为好，且灌溉方便，排水良好。移栽一般在春季 3 ～ 4 月和秋季 10 ～ 11 月，具体要结合当地气候条件决定。一般行距以 35cm×35cm 或 40cm×40cm 为宜，在定植后的缓苗期内，应特别注意水分管理，如遇连续晴天，在移栽后 3 ～ 4 天浇一次水，以后每隔 10 天左右浇一次水；如遇连续雨天，及时排水。约 15 天后，种苗度过缓苗期即可施肥。在春季每半个月施一次尿素，用量约 75kg/hm²。夏季和秋季每半个月施一次复合肥，用量为 75kg/hm²；冬季施一次腐熟的有机肥，用量为 12.5t/hm²，以开沟埋施为好。

火棘（火把果）

Pyracantha fortuneana（Maxim.）Li

蔷薇科（*Rosaceae*）火棘属（*Pyracantha*）

识别特征

常绿灌木。侧枝短，先端成刺状，嫩枝外被锈色短柔毛。叶片倒卵形或倒卵状长圆形，先端圆钝或微凹，有时具短尖头，基部楔形，下延连于叶柄，边缘有钝锯齿，齿尖向内弯，近基部全缘，两面皆无毛；叶柄短，无毛或嫩时有柔毛。花集成复伞房花序，花白色。果实近球形，橘红色或深红色。

◆**季相变化及物候**：花期3～5月，果期8～11月。

◆**产地及分布**：产我国陕西、河南、江苏、浙江、福建、湖北、湖南、广西、贵州、云南、四川、西藏。

◆**生态习性**：性喜温暖湿润而通风良好、阳光充足、日照时间长的环境生长，最适生长温度20～30℃。具较强的耐寒性，在-16℃仍能正常生长。如在冬季气温高于10℃的地方种植，植株不休眠，但会影响翌年开花结果。

◆**园林用途**：孤植或丛植布置花境，成行栽植作花篱或作盆栽观赏。

◆**观赏特性**：树形优美、枝叶繁茂，春夏花白色，秋硕果鲜红。

◆**繁殖方法**：播种、扦插或压条繁殖均可。扦插繁殖：春插一般在2月下旬～3月上旬，选取1～2年生的健康丰满枝条剪成15～20cm的插条扦插。夏插一般在6月中旬～7月上旬，选取一年生半木质化、带叶嫩枝剪成12～15cm的插条扦插，下端马耳形，用ABT生根粉处理，在整理好的插床上开深10cm小沟，将插穗呈30°斜角摆放于沟边，穗条间距10cm，上部露出床面2～5cm，覆土踏实，注意加强水分管理，一般成活率可达90%以上，翌年春季可移栽。

◆**种植技术**：应选择土层深厚；土质疏松，富含有机质，较肥沃，排水良好，pH 5.5～6.5 的微酸性土壤种植为好。移栽定植时要施足基肥，基肥以豆饼、油枯、鸡粪和骨粉等有机肥为主，定植成活 3 个月再施无机复合肥；为促进枝干的生长发育和植株尽早成形，施肥应以氮肥为主；植株成形后，每年在开花前，应增施磷、钾肥，以促进植株生长旺盛，有利植株开花结果。开花期间为促进坐果，提高果实质量和产量，可酌施 0.2% 的磷酸二氢钾水溶液。冬季停止施肥，将有利火棘度过休眠期。火棘耐干旱，但春季土壤干燥，可在开花前浇肥 1 次。如果花期正值雨季，注意挖沟、排水，在进入冬季休眠前要灌足越冬水。每年需对徒长枝、细弱枝和过密枝进行修剪，以利通风透光和促进新梢生长。

朱缨花（美蕊花）

Calliandra haematocephala Hassk.

含羞草科（*Mimosaceae*）朱缨花属（*Calliandra*）

识别特征

常绿灌木。二回羽状复叶，羽片 1 对；小叶 7～9 对，斜披针形，中上部的小叶较大，下部的较小，先端钝而具小尖头，基部偏斜，边缘被疏柔毛；中脉略偏上缘。头状花序腋生，红色，直径约 3cm（连花丝），有花约 25～40 朵。荚果线状倒披针形。

◆**季相变化及物候**：花期 7～12 月；果期 10～翌年 2 月。

◆**产地及分布**：原产南美，现热带、亚热带地区常有栽培。我国台湾、福建、广东、云南南部有引种，栽培供观赏。

◆**生态习性**：阳性植物，喜光。喜暖和、湿润环境。土壤要求肥沃的砂质土壤及土层深厚即可。可用于盆栽，但要求土壤排水良好。生长适温 15～28℃，最低不宜低于 10℃，冬季短期 5℃ 以下即有冷害。

◆**园林用途**：为美丽的热带至南亚热带优良观花和观叶花卉。应用于公园绿地、单位、小区、街道等。自然生长或修剪成球形，作添景孤植、丛植或作绿篱以及道路中间隔离带配置均适宜。

◆**观赏特性**：为秋季开花树种，花色艳丽，花色鲜红又似绒球状，灵动可爱，叶色亮绿，是观赏价值较高的花灌木，且有较多园艺品种。

◆**繁殖方法**：播种或扦插繁殖均可。1、播种繁殖：种皮坚硬，播种时可用 80～100℃ 的热水浸种，自然冷却后继续浸泡一昼夜，发芽温度应在 20℃ 以上，一般在春季气温稳定后播种，采用条播法，播后可不经移栽；也可先密播于砂盘内，春暖后移至大田培育。如摘心处理，2年生苗即可开花。2、扦插繁殖：可在雨季进行，宜选用当年生半木质化枝条，剪成20cm长的段，扦插于河沙中，放在荫棚中养护，每天喷水保湿，待生根后定植。

◆种植技术：对栽培基质要求不严，但以地势高、排水良好、日照充足的肥沃砂质土壤种植生长最旺盛。种植前先整地，将种植地上的杂草全部清除，然后挖定植穴。株行距1m×1m为宜，定植穴约50cm见方，深40cm，放足基肥；苗木需带土球定植，以提高成活率，种植后浇足定根水，经常保持土壤湿润，一个月后苗木生长稳定，即可施肥。定植应及时除草、松土、浇水、追肥。定植当年雨季结束后进行扩塘除草松土，翌年结合除草进行一次施肥，雨季结束后再进行除草松土，相同措施连续进行3年。

牛蹄豆（甜肉围涎树、金龟树）

Pithecellobium dulce（Roxb.）Benth.

含羞草科（*Mimosaceae*）牛蹄豆属（*Pithecellobium*）

识别特征

常绿灌木或小乔木。枝条常下垂，托叶变成针刺状。羽片1对，每一羽片仅有1对小叶，羽片和小叶着生处各有凸起的腺体1；羽片柄及总叶柄均被柔毛。小叶坚纸质，长倒卵形或椭圆形，长2～5cm，宽2～2.5cm，大小差异甚大，先端钝或凹入，基部略偏斜，无毛；叶脉明显，中脉偏于内侧。头状花序，于叶脉或枝顶排列成狭圆锥花序式；花萼漏斗状，长约1mm，密被长柔毛；花冠白色或淡黄，长约3mm，密被长柔毛，中部以下合生；花丝长8～10mm。荚果念珠状卷曲，宽约1cm，肿胀，开裂片果瓣扭卷。种子黑色，包于白色或粉红色的肉质假种皮内。目前园林中栽培的是灌木型新叶为红、白色的观叶园艺品种。

◆**季相变化及物候**：花期3～4月；果期7～9月。

◆**产地及分布**：原产中美洲，现广布于热带各地地区；我国云南的西双版纳、河口、开远等、台湾、广东、广西有栽培。

◆**生态习性**：阳性植物，需强光。生育适温为23～32℃，耐热、耐旱、耐瘠、耐碱、抗风、抗污染、易移植。

◆**园林用途**：宜在公园绿地、庭院、单位、小区、工厂、道路中央分车带等应用，可孤植、列植、丛植、群植，也可作绿篱、花镜栽培。

◆ **观赏特性**：园林中栽培的园艺品种，为株型丰满的丛生灌木，枝叶繁茂，叶色丰富，叶片从新叶的白色、深粉红色、红白复色，逐渐过渡到老叶的绿白复色、绿色，四季有艳丽夺目的色彩，让人难以辨别是花还是叶，观赏效果极佳。

◆ **繁殖方法**：播种或扦插繁殖。1、播种繁殖：宜在春季进行，种子用开水浸泡2mim后用自来水浸泡24h，或用98%的浓硫酸处理30min后洗净，苗床点播，覆土2～3cm，盖淋湿的草帘，出苗2～3个月及时移栽，移栽时切根并喷洒生根剂可大大提高成活率。2、扦插繁殖：宜雨季扦插，选取半木质化枝条，剪成长10～15cm插穗，保留上部3片叶，可直接扦插，若使用IBA2000ppm+NAA2000ppm溶液浸泡基部5s可以显著提高生根率至90%。

◆ **种植技术**：宜选开阔，全光照条件的场地栽培，栽培介质以砂质壤土为佳。幼树春、夏季生长期腐熟有机液肥或氮为主的三元复合肥2、3次。冬季修剪整枝。

黄花羊蹄甲

Bauhinia tomentosa L.

苏木科（*Caesalpiniaceae*）羊蹄甲属（*Bauhinia*）

识别特征

常绿灌木，高1～4m。幼枝被锈色柔毛。叶纸质，近圆形，宽度略大于长度，直径4～8cm，先端2裂至全长1/3～1/2，裂片先端圆，基部圆或心形，叶面无毛，背面被褐色短柔毛，基出脉7～9条；叶柄纤细，长约1.2～3cm，被短柔毛；托叶线形，长约1cm。总状花序侧生，少花（1～3朵）；总花梗长1.2～3cm，苞片及小苞片钻形，长4～7mm；花梗长1cm；花蕾纺锤形，密被微柔毛；萼佛焰苞状，长约2cm，一侧开裂，先端有数枚小齿，齿长0.5～1mm；花瓣淡黄色，阔倒卵形，长4～5cm，宽3～4cm，上面一片基部中央有深黄或紫色斑块，先端圆，无毛，开花时各瓣互叠为一钟形花冠；能育雄蕊10，花丝不等长，基部被柔毛；子房具柄，密被茸毛，花柱长，无毛，柱头盾状。荚果带形，长7～15cm，扁平，果瓣革质，初时被毛，成熟后渐无毛。种子近圆形，极扁平，直径6～8mm，褐色。

◆ **季相变化及物候**：花期4～11月，热带几乎全年见花；果期1～6月。

◆ **产地及分布**：产印度和斯里兰卡等东南亚地区，我国西双版纳、广东、海南等地有栽培。

◆ **生态习性**：阳性植物，喜光；性喜高温、湿润的气候条件，生长适宜温度23～30℃；生长适应性强，管理粗放、耐热、耐旱、抗污染、不耐阴，喜排水良好的富含腐殖质的肥沃土壤。

◆ **园林用途**：为优良庭院观花灌木，适合公园绿地、单位、小区、庭院的路边、水边、山石边或一隅栽培观赏。

◆**观赏特性**：花大、花浅黄色至黄色，花色艳丽，花期长，热带地区几乎全年开花，是优良的观花灌木。

◆**繁殖方法**：播种繁殖。在健壮植株上收成熟的荚果，取出种子，砂藏越冬，春季播种，播前进行种子处理，用约 60℃ 的温水浸泡种子，水凉后继续浸泡 3 天，每天换水一次，种子吸胀后盖纱布，放在恒温培养箱中催芽，露白后播于苗床。4 片叶时移栽。

◆**种植技术**：栽培介质以壤土或轻壤土为佳，整平土壤，按株行距 30cm×40cm 定植。春、夏季每个月施肥腐熟有机肥或复合肥 1 次。冬季修剪整枝；植株老化可重剪复壮。

金凤花（洋金凤）

Caesalpinia pulcherrima （L.） Sw.

苏木科（*Caesaipiniaceae*）苏木属（*Caesalpinia*）

识别特征

常绿大灌木或小乔木。枝散生疏刺。二回羽状复叶长 12 ～ 26cm。羽片 4 ～ 8 对，对生，长 6 ～ 12cm；小叶 7 ～ 11 对，长圆形或倒卵形，长 1 ～ 2cm，宽 4 ～ 8mm，顶端凹缺，有时具短尖头，基部偏斜；小叶柄短。总状花序近伞房状，顶生或腋生，疏松，长达 25cm。花瓣橙红色或黄色，圆形，长 1 ～ 2.5cm，边缘皱波状；花丝红色，远伸出于花瓣外。荚果狭而薄，长 6 ～ 10cm。

◆ **季相变化及物候**：花果期几乎全年。

◆ **产地及分布**：我国云南、广西、广东和台湾均有栽培。原产地可能是西印度群岛。

◆ **生态习性**：喜光，不耐荫蔽，耐烈日高温，宜种植于阳光充足处；喜高温高湿的气候环境，耐寒力较低；较耐干旱，亦稍耐水湿；对土壤的要求不苛刻，砂质土或粘重土均宜，喜酸性土；对肥力的要求不甚高。

◆ **园林用途**：为美丽的热带木本花卉，宜于园林中作丛植、片植或道路中间隔离带带状栽植观赏。

◆ **观赏特性**：植株分枝多，株冠半球形，花瓣色彩红黄缤纷，酷似群蝶飞舞，艳丽宜人；且花期长。

◆**繁殖方法**：播种繁殖。从 6 月中旬～12 月中旬，荚果陆续成熟，以 9～10 月为成熟盛期，采集盛期成熟的果荚，置日光下暴晒，开裂后脱出种子，可以随采随播种，幼苗防寒越冬，也可将种子储藏翌年春播，发芽时气温需在 20℃以上，以春季 3 月中下旬播种较宜，播前用 60℃温水浸种，冷却后继续浸泡 12h，发芽快速，一般播种后三天即开始发芽，一周内发芽结束，发芽率约为 60%。

◆**种植技术**：宜选择阳光充足、土质疏松肥沃、砂质壤土的地方种植，在较贫瘠的土壤中也可生长。种植前先整地，将育苗地上的杂灌木和草全部清除，然后挖定植穴。种植后浇足定根水，经常保持土壤湿润，一个月后苗木生长稳定，即可施肥。幼苗生长速度中等，以施氮肥为主，随着苗木生长，停施氮肥，改施钾肥。定植后头两年，应及时除草、松土、浇水、追肥。

双荚决明

Cassia bicapsularis Linn.

苏木科（*Caesalpiniaceae*）决明属（*Cassia*）

▶ 识别特征

　　常绿灌木。多分枝，无毛。叶长 7～12cm，有小叶 3、4 对；叶柄长 2.5～4cm；小叶倒卵形或倒卵状长圆形，膜质，长 2.5～3.5cm，宽约 1.5cm，顶端圆钝，基部渐狭，偏斜，下面粉绿色，侧脉纤细，在近边缘处呈网结；在最下方的一对小叶间有黑褐色线形而钝头的腺体 1 枚。总状花序生于枝条顶端的叶腋间，常集成伞房花序状，长度约与叶相等，花鲜黄色，直径约 2cm；雄蕊 10 枚，7 枚能育，3 枚退化而无花药，能育雄蕊中有 3 枚特大，高出于花瓣，4 枚较小，短于花瓣。荚果圆柱状，膜质，直或微曲，长 13～17cm，直径 1.6cm，缝线狭窄，种子 2 列。

◆**季相变化及物候**：花期 10 ～ 12 月，果期 11 月～翌年 5 月。

◆**产地及分布**：原产美洲热带地区，广泛栽培于我国云南、广东、广西等省区。

◆**生态习性**：喜光，萌芽力强，耐寒，耐干旱贫瘠，适应性较广。

◆**园林用途**：适宜应用于庭院、公园绿地、单位、道路、湖缘等，可对植或丛植于公园、庭院中，也可做花镜栽培。

◆**观赏特性**：树枝优美，枝叶茂盛，盛花期黄色花序布满枝头，灿烂夺目，花期长，花色艳丽迷人，金黄的花，给人以愉悦、亮丽、壮观之美。

◆**繁殖方法**：扦插或播种繁殖。1、扦插繁殖：扦插在春季进行，用当年生成熟枝条或老枝，剪成长 8 ～ 10cm，具 3、4 个节的茎段作插穗，保持基质湿润，生根后移栽 2 次。2、播种繁殖：播种在春季进行，播种前用 60℃水进行浸种，播种后盖土 2cm。

◆**种植技术**：双荚决明萌芽力强，适应性较广，耐干旱贫瘠，因此，耐粗放管理，容易栽培。肥料管理：种植时每穴放入 1kg 腐熟堆肥，浇透水。以后每周淋水 2 次，当苗生长到 50cm 左右时摘心并及时追肥，每株施 50g 复合肥浇水，使其粗壮，并形成较大的冠幅。花前和花期追肥 2、3 次，以补充磷钾肥为主，也可喷 0.2% 的磷酸二氢钾，使花朵肥大并延长花期。修剪：在生长期间，结合松土与追肥，进行枝条修剪。在整个生长期过程中，病害发生较少。

西南杭子梢

Campylotropis delavayi (Franch.) Schindl.

蝶形花科（*Fabaceae*）杭子梢属（*Campylotropis*）

识别特征

常绿灌木。羽状复叶具3小叶；小叶宽倒卵形、宽椭圆形或倒心形，长2.5～6cm，宽2～4cm，先端微凹至圆形，具小凸尖，基部圆形或稍渐狭或近宽楔形，上面无毛，下面因密生短绢毛而呈银白色或灰白色。总状花序通常单一腋生并顶生，长达10cm，总花梗长1.5～4cm，有时花序轴再分枝，常于顶部形成无叶的较大圆锥花序；花冠深堇色或红紫色，长10～12mm；子房被毛。荚果压扁而两面凸，先端喙尖长0.3～0.8mm，表面被短绢毛。

◆ **季相变化及物候**：花期10～12月，果期11～12月。

◆ **产地及分布**：产我国云南、四川、贵州等地。

◆ **生态习性**：喜生于山坡、山沟、林缘、灌木林中和杂木疏林下。

◆ **园林用途**：可植于公园绿地、庭院中做花篱、花丛，也可丛植、片植观赏。

◆ **观赏特性**：花序美丽，可作园林观赏及作水土保持植物。

◆ **繁殖方法**：以播种繁殖为主，虽然每株有成千上万朵花，但结实率并不高，尤其是生长在荫蔽条件下的植株，其结实率不到10%，只有生长在向阳处的植株，结实率也仅达30%左右。播种前催芽，使种子发芽出土快、出苗整齐，方法有浸种催芽、层积催芽、药剂催芽等。其中浸种的水温对催芽效果影响很大。种子的出苗持续时间为2周，浇水次数

视土壤干湿度而定。幼苗期持续时间约 6 周，此间主要进行间苗，留优去劣，适当浇水，加强松土除草，促进根系生长发育，使苗木扎根稳固、出苗整齐、分布均匀。

◆ **种植技术:** 宜选择土层深厚、光照充足的地方种植，种植前深翻土壤，去除草根、石块等，精细整地，耙平床面，使土壤结构疏松，增加土壤的通气和透水性。在整好的地畦上洒适量的草木灰促进其生长。速生期持续时间达 4 个月，此间主要进行灌溉、除草松土等工作。

舞草（钟锣豆、跳舞草、情人草）

Codariocalyx motorius （Houtt.）Ohashi

蝶形花科（*Fabaceae*）**舞草属**（*Codariocalyx*）

识别特征

常绿直立小灌木。叶为三出复叶；托叶窄三角形，长 10～14mm，基部宽 1.7～2.3mm，通常偏斜；叶柄长 1.1～2cm，上面具沟槽，疏生开展柔毛；顶生小叶长椭圆形或披针形，长 5.5～10cm，宽 1～2.5cm；侧脉每边 8～14条，不达叶缘，侧生小叶很小，长椭圆形或线形或有时缺；小托叶钻形，长 3～5mm，两面无毛；小叶柄长约 2mm。圆锥花序或总状花序顶生或腋生，花序轴具弯曲钩状毛；花梗开花时长 1～4mm，花后延长至 3～7mm，被开展毛；花冠紫红色。荚果镰刀形或直，长 2.5～4cm。

◆ **季相变化及物候:** 花期 7～9 月，果期 10～11 月。

◆ **产地及分布:** 产于我国福建、江西、广东、广西、四川、贵州、云南及台湾等省区。生于丘山坡或山沟灌丛中，海拔 200 ～ 1200m。印度、尼泊尔、不丹、斯里兰卡、泰国、缅甸、老挝、印度尼西亚、马来西亚等也有分布。

◆**生态习性**：喜阳光和温暖湿润的环境。耐旱，耐瘠薄土壤，常生长在丘陵山坡或山沟灌丛中。

◆**园林用途**：可群植于庭院角隅，公园草坪上、林荫下，亦可在专类园，如触觉园中使用。

◆**观赏特性**：舞草可以伴随音乐翩翩起舞，舞草"跳舞"，引起人们兴趣的所谓舞蹈，是一对侧小叶能进行明显的转动，或做 360°的大回环，或做上下摆动，颇具节奏，像艺术体操中的优美舞姿；有时许多小叶同时起舞，此起彼落，蔚为奇观。

◆**繁殖方法**：播种或扦插繁殖。1、播种繁殖：一般 5 ～ 6 月播种，温室内可周年播种。2、扦插繁殖：可在春夏秋三季进行，室内或大棚内冬季也可进行。剪取当年生粗壮枝条为插穗，剪成 5cm 长为一段，插于细砂中，插深为穗长的 2/3，插后浇透水。将插盆于阴凉通风处，上盖玻璃板并经常喷水保湿。生根后去盖停水蹲苗 3 天后定植。

◆**种植技术**：在南方可露地栽植应选阳光充足、排水良好的土壤，管理粗放。幼苗移栽需带土球，地栽植株距 70cm。苗期生长缓慢，可浇 1、2 次淡人尿肥液或淡尿素溶液，以促苗生长。

枸骨（老虎刺、鸟不宿、猫儿刺）

Ilex cornuta Lindl. et Paxt.

冬青科（*Aquifoliaceae*）冬青属（*Ilex*）

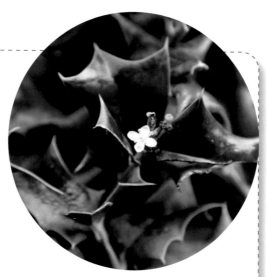

识别特征

　　常绿灌木，树皮磨细有胶质。叶片厚革质，二型，四角状长圆形或卵形，先端具3枚尖硬刺齿，中央刺齿常反曲，基部圆形或近截形，两侧各具1、2刺齿，有时全缘（此情况常出现在卵形叶），叶面深绿色，具光泽，背淡绿色，无光泽，两面无毛，主脉在上面凹下，背面隆起，侧脉5、6对，于叶缘附近网结，在叶面不明显，在背面凸起，网状脉两面不明显；叶柄上面具狭沟，被微柔毛；托叶胼胝质，宽三角形。花序簇生于二年生枝的叶腋内，基部宿存鳞片近圆形，被柔毛，具缘毛。果球形，成熟时鲜红色。

◆ **季相变化及物候**：花期4～5月，果期9～11月。

◆ **产地及分布**：产于我国长江流域及以南各地，山东青岛、济南有栽培，云南栽培广泛；欧美一些国家植物园等也有栽培。

◆ **生态习性**：喜光，耐阴。喜气候温暖及排水良好的酸性肥沃土壤，耐寒性较差。喜排水良好肥沃深厚的酸性土，中性或碱性土壤亦能生长。耐湿，萌芽力强，耐修剪。耐烟尘，抗二氧化硫和氯气。

◆ **园林用途**：宜作基础种植及岩石园材料；配假山或孤植花坛中心、丛植于草坪或道路转角处，可在建筑的门庭两旁或路口对植。也是很好的绿篱及盆栽材料。

◆ **观赏特性**：红果鲜艳，枝叶稠密，叶形奇特，浓绿光亮，入秋红果累累，经冬不凋，鲜艳美丽，即可观赏自然树形，也可修剪造型；又是良好的观叶、观果灌木。选其老桩制作盆景亦饶有风趣。果枝可供瓶插，经久不凋。

◆**繁殖方法**：播种、扦插或分蘖繁殖；但因种子休眠期长，又隔年发芽习性，故少量繁殖多用扦插，扦插于雨季节进行。批量生产于冬末采种，先将果肉揉搓去除浆汁，然后清洗，尽量将残留果肉清除，最后用湿砂层积，秋季取出进行秋播，或次春春播。

◆**种植技术**：春季每2周施一次稀薄的饼肥水，夏季可不施肥，秋季每月追肥一次，冬季施一次肥。平时剪去不必要的徒长枝、萌发枝和多余的芽，以保持一定的树型。育苗期间应进行2、3次移植，移植断根后可以促进侧根及须根萌发，利于定植成活；春至夏季定植，雨季前4～5月，需预防煤污病。

云南美登木

Maytenus hookeri Loes.

卫矛科（*Celastraceae*）美登木属（*Maytenus*）

识别特征

　　常绿灌木。老枝有明显疏刺。叶薄纸质或纸质，椭圆形或长方卵形，长8～20cm，宽3.5～8cm，先端渐尖或长渐尖，基部楔形或阔楔形，边缘有浅锯齿，侧脉5～8对，较细，小脉网不甚明显；叶柄长5～12mm。聚伞花序1～6丛生短枝上，花序多2～4次单歧分枝或第一次二歧分枝；花白绿色。蒴果扁。

◆ **季相变化及物候**：终年常绿，花期 9 ～ 10 月，果期 10 ～ 11 月。

◆ **产地及分布**：产于我国云南西南部西双版纳、双江等地。分布达缅甸、印度。

◆ **生态习性**：阳性树种。喜光，耐半阴。喜温暖湿润气候亦较耐寒。要求肥沃疏松的土壤，极耐修剪整形。

◆ **园林用途**：适于庭院、公园绿地、附属绿地中应用，可孤植、丛植、列植、地被满栽。

◆ **观赏特性**：终年常绿，株型整齐，叶丛紧密。

◆ **繁殖方法**：播种或扦插繁殖。1、播种繁殖：宜随采随播，或在湿砂中短暂保存。选择光

亮饱满的种子、在播种前用 40℃温水浸种 24h 后，按行株距 10cm×（3 ～ 5）cm 播种，覆土 0.5cm，上面覆盖稻草，保持土壤湿润。播后月平均气温 20℃时，7 天开始发芽。2、扦插繁殖：每年可上面覆盖稻草，保持土壤湿润。播后月平均气温 20℃时，7 天开始发芽。2、扦插繁殖：每年可进行 2 次，3 ～ 5 月扦插，宜选取当年生，直径 0.5cm 以上，生长健壮的绿色软枝；9 月扦插，宜选取一年生、直径 1cm 左右、生长健壮、充分木质化的硬枝。

◆ **种植技术**：宜选择土层深厚、肥沃，空气湿度大，半阴或全光照的地方种植。苗木最好高于 30cm，根系发达的苗木；开挖种植沟，在种植沟内施入底肥，栽入苗木后回填土壤，浇水至透根，覆盖地膜；每年雨季注意除杂草，每月肥料一次。

九里香（千里香、九秋香、九树香）

Murraya exotica L.

芸香科（*Rutaceae*）**九里香属**（*Murraya*）

识别特征

常绿灌木。叶有小叶 3 ～ 7 片，小叶倒卵形或倒卵状椭圆形，两侧常不对称，长 1 ～ 6cm，宽 0.5 ～ 3cm，顶端圆或钝，有时微凹，基部短尖，一侧略偏斜，边全缘，平展；小叶柄甚短。花序通常顶生，或顶生兼腋生，花多朵聚成伞状，为短缩的圆锥状聚伞花序；花白色，芳香；果橙黄至朱红色。

◆**季相变化及物候**：花期4～8月，也有秋后开花，果期9～12月。

◆**产地及分布**：产于我国云南、贵州、广西、广东、海南、台湾、福建及湖南等地；亚洲其他一些热带及亚热带地区也有分布。

◆**生态习性**：喜光也能稍耐半阴，喜温暖气候，要求夏季雨量充沛，冬季相对干燥条件，要求土壤深厚、富含有机质而透气性透水性好。不耐严寒，-5℃会受到冻害。

◆**园林用途**：可种植于公园绿地、广场、单位、小区、道路等处，可做绿篱也可修剪成方形、塔形、圆球形或者杯形等形状，颇具观赏价值。

◆**观赏特性**：九里香四季青翠、枝叶繁茂、颇耐修剪，花期长，花瓣洁白，花香四溢，故有"九里香""千里香"之称；且花后果实累累，大小如豆，生者碧绿熟者鲜红，花和果均具有较高的观赏价值。

◆**繁殖方法**：播种、压条、嫁接繁殖均可。1、播种繁殖：将成熟的种子洗净，阴干水分即可播种，撒播、条播均可。保持母本特性的植株，播种当年能多次开花，并能结实，而且此特性能长期保持。2、嫁接繁殖：用普通九里香实生苗作砧木，在生长期中用腹接、切接、小芽接均可。嫁接时一定要削离皮层，现出黄白色的形成层，否则不易成活。

◆**种植技术**：在无风的阴天移栽最理想，雨前种植成活率更高。一天之中，傍晚进行最有利于成活。起苗时要把主根切断，可促进侧根的生长，促使植株生长均衡，姿态完整，有利于以后的修剪造型。定植时可根据未来造型的需要，变化树苗的种植方向，如大树形造型的植株一定要栽正，而斜干式造型的树苗可让植株按一定的角度斜卧于地面。裸根苗穴的大小要足够让根系充分舒展，尽量减少根弯曲重叠，然后覆土。栽植深度应与移植前的深度相同。栽植完毕后，浇足定根水。

米仔兰（山胡椒、珠兰、米兰、树兰、鱼仔兰）

Aglaia odorata Lour.

楝科（*Meliaceae*）米仔兰属（*Aglaia*）

> **识别特征**
>
> 常绿灌木或小乔木。幼枝顶部被星状锈色的鳞片。叶轴和叶柄具狭翅，有小叶 3～5 片；小叶对生，厚纸质，顶端 1 片最大，下部的叶较顶端的为小，先端钝，基部楔形，侧脉每边约 8 条。圆锥花序腋生，稍疏散无毛；花芳香。果为浆果，卵形或近球形，初时被散生的星状鳞片，后脱落。

◆**季相变化及物候**：花期 5～12 月，果期 7 月～翌年 3 月。

◆**产地及分布**：原产于我国广东、广西等省，福建、四川、贵州和云南等省常有栽培；亦分布于东南亚各国。

◆**生态习性**：喜温暖，忌严寒，喜光，稍耐阴，宜肥沃富有腐殖质、排水良好的壤土。

◆**园林用途**：用于公园绿地、庭院栽培，可孤植、群植、花坛、花镜应用；全国各地均可用作盆栽，可用于布置会场、门厅、庭院及家庭装饰；亦可列植于建筑物旁、对植于庭院门厅外。

◆**观赏特性**：是热带、南亚热带露地栽培观赏的香花植物，既可观叶又可赏花。小黄色花朵，形似鱼子，因此又名为鱼仔兰；醇香诱人，开花季节浓香四溢。

◆**繁殖方法**：扦插或高空压条繁殖。扦插繁殖：选用当年生的半木质化枝条，雨季进行，插穗长 10～15cm，保留上端 2、3 片叶，其他叶子全部去除，削平切口。扦插基质可用河砂、膨胀珍珠岩、泥炭、蛭石等。扦插间距 5cm 左右，扦插深度约为插条的 1/3。插入后，要用手指压实基质，使基质和插条紧密结合，浇足水。遮阴保持湿润环境。插穗生根快慢与插壤温度关系很大，底温高，生根快，温度 30～32 ℃时，插后 40 天即可生根，25～28℃则需 50～60 天才能生根。

◆**种植技术**：栽培基质以排水良好的微酸性砂质壤土为宜。栽培株距以 1m 为宜。米兰性喜光、湿润，栽植于阳光充足之处，过多的灰尘易导致叶片黄化脱落。生长季除施以足量氮肥外，应合理搭配磷、钾肥的施用，以保证花蕾的分化及花香浓郁。生长期应及时修剪整形；浇水原则见干见湿。因通风不良等原因，易使米兰遭受病虫害。

八角金盘

Fatsia japonica（Thunb.）Decne. et Planch.

五加科（*Araliaceae*）八角金盘属（*Fatsia*）

识别特征

常绿灌木。叶片大，革质，近圆形，掌状 7～9 深裂，裂片长椭圆状卵形，先端渐尖，基部心形，边缘有疏离粗锯齿，正面暗亮绿色，背面色较浅，有粒状突起，边缘有时呈金黄色；侧脉在两面隆起，网脉在下面稍显著。圆锥花序顶生。花黄白色。果近球形，熟时黑色。

◆**季相变化及物候**：花期 10 ～ 11 月，果期 11 月～翌年 4 月

◆**产地及分布**：原产于日本南部，我国主要栽培于中国华北、华东及云南等地。

◆**生态习性**：喜阴湿而暖的通风环境，排水良好而肥沃的微酸性壤土，中性土亦能适应，不耐干旱，稍畏寒，但有一定的耐寒力，在南方一般年份冬季不受明显冻害，萌芽力强。

◆**园林用途**：适宜配植于庭院、门旁、窗边、墙隅及建筑物背阴处，也可点缀在溪流滴水之旁，还可成片群植于草坪边缘及林地。另外还可盆栽供室内观赏。对二氧化硫抗性较强，适于厂矿区、街坊种植。

◆**观赏特性**：八角金盘终年常绿、花色洁白、果从绿变紫，是优良的观叶、观花果地被植物。

◆**繁殖方法**：播种、扦插或分株繁殖。主要繁殖方法为播种，播种繁殖在 4 月下旬采收种子，采后堆放后熟，水洗净种，种子阴干 15 天后种子平均发芽率分别为 75.3%，播前应先搭好荫棚，播后 1 个月左右发芽出土，及时揭草，保持床土湿润，入冬幼苗需防旱，留床一年或分栽，培育地选择有庇阴而湿润之处的旷地栽培，需搭荫棚；在 3 ～ 4 月带泥球移植。

◆**种植技术**：种植要"避强光、保湿润"，在新叶生长期，浇水量可适当多些，经常保持土壤湿润。植株叶片大，水分蒸发量大，盛夏季浇水要充足，防止叶片发黄或脱落。空气过于干燥时，还应向植株及周围的地面喷水。冬季减少浇水，提高其抗寒性。夏秋生长季节，每月施一次肥料。

84

澳洲鸭脚木（澳洲鹅掌柴、辐射鹅掌柴、澳洲鸭脚木、大叶伞树、昆士兰伞树、大叶鹅掌柴、伞树、辐叶鹅掌藤）

Schefflera actinophylla（Endl.）Harms

五加科（*Araliaceae*）鹅掌柴属（*Schefflera*）

识别特征

　　常绿大灌木，高可达9m。多主干，干通直，光滑，初生嫩枝绿色，后呈褐色。掌状复叶，小叶数随树木的年龄而异，幼年时3～5片，长大时9～12片，至乔木状时可多达16片，小叶浅绿色，长椭圆形，先端突尖，全缘或疏锯齿缘，革质，有光泽；叶柄红褐色，长5～10cm。顶生穗状花序，呈辐射状分布，似章鱼或雨伞骨架；花小，深红色，富含花蜜。果黑紫色，每果内含种子1粒。

◆季相变化及物候：花期早春和夏末。

◆产地及分布：原产澳大利亚及太平洋中的一些岛屿。我国南部热带地区亦有分布。云南南部有园林应用。

◆**生态习性**：中性植物，对光照适应性强，从强光照到半荫都可以生长；性喜高温、湿润的气候条件，生长适宜温度 20～30℃。耐热、耐旱；喜排水良好、富含有机质的砂质壤土。

◆**园林用途**：引鸟植物，适用于热带花卉园、公园绿地、庭院道路分车带等种植，可盆栽观赏；可孤植、丛植。

◆**观赏特性**：叶片阔大，柔软下垂，形似伞状，株形优雅轻盈，花色艳丽，衬托于绿叶之上非常醒目。

◆**繁殖方法**：播种或扦插繁殖。1、播种繁殖：春季为适期，随采随播，点播或条播，覆土以不见种子为度。2、扦插繁殖：在夏季结合修剪进行，剪取 1～2 年生枝条为 10～15cm，带 2、3 节的茎段，扦插后 1 个月左右可生根。以带有木质化的二年生枝条，生根更容易，也可用长枝带踵进行扦插，生根所需时间更短。

◆**种植技术**：栽培介质以腐殖土或砂质壤土为佳。春、夏季生长期施肥 2、3 次。保持土壤湿润，生长迅速。移植苗木需修剪枝顶端部分叶片。生长期间应每月追施 1、2 次以氮为主的复合肥，促进枝叶生长、叶片肥大光亮。入秋后增施钾肥，以提高植株的抗寒能力。冬季停止施肥。生长季的浇水掌握"不干不浇，浇则浇透"。在高温、日灼、施肥不当及根系发育不良时易产生炭疽病，应注意防治。其他有煤污病和蚜虫、介壳虫、红蜘蛛等病虫危害。

鹅掌柴（鸭脚木、鸭母树）

Schefflera heptaphylla（L.）Frodin.

五加科（*Araliaceae*）鹅掌柴属（*Schefflera*）

▶**识别特征**◀

常绿灌木。掌状复叶，小叶 7～9 枚，革质，长卵圆形或椭圆形，长 7～17cm，宽 3～6cm；叶柄长 8～25cm；小叶柄长 1.5～5cm。花白色，芳香，排成伞形花序又复结成顶长 25cm 的大圆锥花丛。果球形，径 3～4cm。

◆**季相变化及物候**：花期 10～11 月，果期 12 月～翌年 1 月。

◆**产地及分布**：广布于我国西藏、云南、广西、广东、浙江、福建和台湾，为热带、亚热带地区常绿阔叶林常见的植物，有时也生于阳坡上，海拔 100～2100m；日本、越南和印度也有分布。

◆**生态习性**：性喜半阴环境，夏季直射光会导致树皮灼伤、落叶。喜温暖。耐寒性较强，最低能忍受 -15℃的低温。喜肥沃、疏松和排水良好的砂质土壤，不耐水湿和干旱。

◆**园林用途**：适于栅栏、池畔、桥侧、林下、庭院、天井处孤植或群植。配置于庭院、门旁、墙隅及建筑物背阴处，也可点缀在溪流之旁，还可成片群植于草坪边缘及林地。

◆**观赏特性**：鹅掌柴四季常春，枝叶奇特似鸭脚，植株丰满优美，易于管理，呈现自然和谐的绿色环境。在园林中应用广泛。

◆**繁殖方法**：播种或压条繁殖。1、播种繁殖：4月下旬～5月上旬，以腐殖土或砂土为宜。先将2份腐叶，1份园土混合好，均匀撒在种植床表面，将种子均匀播种到种植床，用细土覆盖以不见种子为度。将种植床置于水容器内，让水从底部慢慢渗入整个土壤，至土表湿润。之后保持土壤湿润，在20～25℃的条件下，15天后逐渐出苗，待苗高长到5～10cm时移栽。2、压条繁殖：4月下旬～6月中旬均可进行，选二年生枝条，先环状剥皮，宽1～1.5cm，用潮湿的苔藓或素土包扎在伤口周围，最后用塑料膜包紧并扎好上下两端，40天左右生根。

◆**种植技术**：以肥沃、疏松、排水良好的土壤中生长最佳，定植后浇水适当多些，遮阴。在新叶生长期，加大浇水量，生长环境中湿度最好保持在50%～70%，冬季低温期可稍低些。在盛夏季节注意适当遮阴，以免强光曝晒造成叶片灼伤。鹅掌柴水分管理要求干湿交替，不干不浇，浇即浇透。在生长季节每月施用1次腐熟的有机肥或者无机肥，保证肥水充分。每年春季萌芽前可进行一次植株修剪，开花后不留种子，要剪去残花梗，以免消耗养分。

多蕊木

Tupidanthus calyptratus Hook. f. & Thoms.

五加科（*Araliaceae*）多蕊木属（*Tupidanthus*）

识别特征

常绿藤状灌木。茎长 15 ～ 30m，树皮黄棕色。掌状复叶，托叶与叶柄基部合生，短鞘状，小叶 7 ～ 9；叶柄长 15 ～ 60cm，无毛；小叶片革质，倒卵状长圆形至长圆形，长 12 ～ 26cm，宽 4 ～ 9cm，先端短渐尖。伞形花序直径 4 ～ 6cm，有花 3 ～ 7 朵，3 ～ 5 个组成顶生复伞形花序或短圆锥花序；花大，直径 1.5 ～ 2.5cm；花瓣合生成帽状体，早落。果实球形，外果皮肉质。

◆ **季相变化及物候**：花期 6 ～ 7 月，果期 8 ～ 10 月。

◆ **产地及分布**：分布于我国云南南部；印度、孟加拉、缅甸、越南、老挝、柬埔寨也有分布。

◆ **生态习性**：阳性树种。性喜温暖的，光线充足的环境，较耐寒。对土壤要求较不严格，一般肥力中等土壤均能生长，但以土层深厚、肥沃、排水良好的酸性土生长最好。

◆ **园林用途**：目前城市绿地中应用较少，孤植、群植、列植均可，用于庭院绿化及公园绿地等。

◆ **观赏特性**：树形美观，叶色秀丽，果实奇特，是优秀的乡土观叶观形植物。

◆ **繁殖方法**：多采用压条繁殖，压条前一般在芽或枝的下方发根部分进行创伤处理后，再将处理部分埋压与基质中。用黑布、黑纸包裹或培土包埋枝条使其黄化或软化，有利于跟根原体的生长。在早春发芽前将母株地上部分压伏在地面，覆土 2 ～ 3cm。待新梢黄化长至 2 ～ 3cm 再加土覆盖。待新梢长至 4 ～ 6cm 时，至秋季黄化部分长出相当数量的根，从母株切开就可供嫁接用。将枝蔓上下弯成波状，着地的部分埋压土中，待其生根和突出地面部分 萌芽并生长一定时期后，逐段切成新植株。

◆**种植技术：**宜选向阳排水良好的地块，浇水量视季节而定，春季高温干旱需注意补充水分，夏季不需浇水，保持土壤见干见湿，水分太多或渍水易引起根腐。夏季生长期间每周施肥一次，可用氮、磷、钾等量颗粒肥松土后施入。

倒挂金钟（灯笼花、吊钟海棠）

Fuchsia hybrida Hort. ex Sieb. et Voss

柳叶菜科（*Onagraceae*）倒挂金钟属（*Fuchsia*）

◁ 识别特征 ▷

常绿灌木，幼枝红色。叶对生，卵形或狭卵形，先端渐尖，基部浅心形或钝圆，具浅齿或齿突；叶柄常带红色，被短柔毛与腺毛。花两性，生于茎枝顶叶腋，下垂；花梗纤细，花管筒状；萼片4，长圆状或三角状披针形，开放时反折；花瓣色彩丰富，覆瓦状，宽倒卵形；雄蕊8，花丝红色伸出花管；子房倒卵状长圆形，4室。果紫红色，倒卵状长圆形。

◆ **季相变化及物候**：花期4～12月，果期10月～翌年2月。

◆ **产地及分布**：原产秘鲁、智利等中南美洲国家，中国广为栽培，是重要的花卉植物。

◆ **生态习性**：喜凉爽、湿润环境，不耐炎热高温和强光，生长适宜温度为18～25℃，冬季要求温暖湿润，越冬温度不低于5℃。以腐殖质含量高、排水良好的肥沃疏松微酸性土壤为佳。

◆ **园林用途**：可花坛地栽于公园绿地、庭院；盆栽适应于客厅、花架、案头点缀，用清水插瓶，既可观赏，又可生根繁殖。

◆ **观赏特性**：开花时，垂花朵朵，朵朵成束，好似铃铛吊挂，花紫红色、白粉色，妖嫩媚人，晶莹醒目，婀娜多姿态，如悬挂的彩色灯笼，长期以来作为吉祥的象征，是节日插花不可缺少的材料。

◆ **繁殖方法**：可播种、扦插及压条繁殖。常用扦插繁殖。全年均可，以春、秋生根较快。插穗以顶端嫩枝最好，长12～15cm，插于苗床，保持湿润，插穗生根的最适温度为20～30℃，扦插后遇到低温时，保温的措施主要是用薄膜把用来扦插的花盆或容器包起来；扦插后温度太高温时，降温的措施主要是给插穗遮阴，要遮阴率50%～80%，同时，给插穗进行喷雾，每天3～5次，晴天温度较高喷的次数也较多，插后10天左右生根。

◆ **种植技术**：种植以疏松排水良好的砂质壤土为宜。喜阳光充足的环境，日照不足易徒长，造成开花减少。冬季及晴天2～3天浇水一次，夏季防止脱叶、烂根现象发生。定植前施足有机肥，生长前期控制氮肥，防止徒长，花期增施磷钾肥。生长适温为15～25°，夏季怕炎热高温，气温超过30℃，就会进入半休眠状态。

夏鹃

Rhododevdron pulchnum Sweet.

杜鹃花科（*Ericaceae*）杜鹃属（*Rhododendron*）

识别特征

常绿灌木。叶革质，卵形、椭圆状卵形或倒卵形或倒卵形至倒披针形，先端短渐尖，基部楔形或宽楔形。枝叶纤细、分枝稠密，树冠丰富、整齐，叶片排列紧密。花芽卵球形；花2～3（6）朵簇生枝顶，花色多样，以淡红色、红色为主。本种发枝在先，开花最晚，一般在5月下旬～6月；花径6～8cm，花色、花瓣同西鹃一样丰富多彩。传统品种有长华、大红袍、五宝绿珠、紫辰殿等。其中五宝绿珠花中有一小花，呈台阁状，是杜鹃花中重瓣程度最高的一种。

◆**季相变化及物候**：盛花期5～6月。

◆**产地及分布**：原产印度和日本；现在我国浙江、安徽、江苏长美花卉基地、上海、云南等地均有广泛栽植。

◆**生态习性**：耐寒怕热，要求土壤肥沃偏酸性、疏松通透。对栽植环境要求气候温暖，土地肥沃，排水通畅。

◆**园林用途**：适宜群植、片植于湿润而有庇荫的林下、岩边、溪边、池畔及草坪边缘；在建筑物背阴面可作花篱、花丛配植。

◆ **观赏特性**：四季绿色，四季开花，有黄、红、白、紫四色。通过修剪整形，其形秀丽美观。

◆ **繁殖方法**：扦插繁殖成活率高，生长快速，性状稳定。6月中旬、下旬～8月扦插成活率最高，插穗取当年生半木质化带三个分枝嫩稍，插穗长6～8cm，插穗保留顶叶23片，用萘乙酸300ppm、吲哚丁酸200ppm～300ppm或ABT生根粉等溶液浸蘸处理。基质可用泥炭、河砂、素红土等，大面积生产多用腐熟锯木屑加珍珠岩混合。

◆ **种植技术**：在种植夏鹃前，准备充分混合的肥土。也可把夏鹃种植在纯的泥炭藓中，1:1混合的泥炭藓和粗砂或珍珠岩；或1:1混合的泥炭腐殖质和自然土壤。春至秋均可移植。定植穴大小要适宜，一般要求比土球大一点、深一点，目的是为了夏鹃移入后有良好的生长环境。原来的表土要保留，用以回填到移植坑底，再加适量腐殖土，或用30%的表土，30%的泥炭土再加30%的腐殖土或其他腐熟有机质以及10%的砂土掺匀后，填入土球四周。为防止沉落可以略高一些，最后用木屑或碎叶片覆盖地表4～5cm。移栽后不要用力塌实。

映山红杜鹃

Rhododendron simsii Planch.

杜鹃花科（*Ericaceae*）杜鹃花属（*Rhododendron*）

识别特征

常绿或半常绿灌木。分枝密被亮棕褐色扁平糙伏毛。叶革质，常集生枝端，卵形、椭圆状卵形或倒卵形或倒卵形至倒披针形，长1.5～5cm，宽0.5～3cm，先端短渐尖，基部楔形或宽楔形，边缘微反卷，具细齿，上面深绿色，疏被糙伏毛，下面淡白色，密被褐色糙伏毛，中脉在上面凹陷，下面凸出。花2～3（6）朵簇生枝顶；花冠阔漏斗形，玫瑰色、鲜红色或暗红色。蒴果卵球形，长达1cm，密被糙伏毛。花萼宿存。

◆**季相变化及物候**：花期 3～5 月，常于清明前后开花，果期 6～8 月。

◆**产地及分布**：广布于我国长江流域各省，东至台湾、西南达四川、云南；我国的横断山区和喜马拉雅地区是世界杜鹃花的现代分布中心之一。

◆**生态习性**：喜凉爽、湿润气候，恶酷热干燥。以富含腐殖质、疏松、湿润及 pH 5.5～6.5 的酸性土壤生长最佳。

◆**园林用途**：常栽植于草坪或建筑边缘，也可将其绑扎整型，是制作盆景的好材料。有较高的观赏价值，可以植于庭院、公园绿地的灌丛中或竹林下，也可植于岩石缝中。

◆**观赏特性**：春季可见红花点点，翠叶片片，景观色彩鲜艳。

◆**繁殖方法**：播种、扦插、嫁接、压条或分株繁殖。1、播种繁殖：最好随采随播，亦可将种子贮藏至翌年春播。气温 15～20℃时，约 20 天出苗。2、扦插繁殖：一般于 5～6 月间选当年生半木质化枝条作插穗，插后设棚遮阴，在温度 25℃左右的条件下，1 个月即可生根。3、嫁接繁殖：嫩枝劈接，嫁接时间不受限制，砧木多用二年生毛鹃，成活率达 90% 以上。

◆**种植技术**：春季萌芽前栽植，宜选通风、半阴，土壤要求疏松、肥沃，富含腐殖质的酸性砂质壤土，栽后踏实浇透水，避免强阳光直射。生长期注意浇水，从 3 月开始，逐渐加大浇水量，特别是夏季经常保持土壤湿润，不能缺水，但勿积水，合理施肥是栽培杜鹃的关键，喜肥又忌浓肥，应"薄"肥适施，在春秋生长旺季每 10 天施 1 次稀薄的饼肥液水，秋季可增施磷、钾肥。

神秘果

Synsepalum dulcificum Daniell

山榄科（*Sapotaceae*）神秘果属（*Synsepalum*）

识别特征

常绿灌木。有时具乳汁，髓部、皮层及叶肉有分泌硬橡胶的乳管，幼嫩部分常被锈色、通常 2 叉的绒毛。单叶互生，近对生或对生，有时密聚于枝顶，通常革质，全缘，羽状脉。花单生或通常数朵簇生叶腋或老枝上；花冠合瓣，具短管，裂片与花萼裂片同数或为其 2 倍，覆瓦状排列，通常全缘。果为浆果，有时为核果状，食此果后，各种味道均变甜味。

◆ **季相变化以及物候**：花期 2～5 月，开白色小花；果期 4～9 月，果实由绿色变成红色而成熟。

◆ **产地及分布**：主要分布于东半球和美洲热带地区，在欧洲及热带以外的亚洲无分布。

◆ **生态习性**：性喜高温多湿，生长适温为 20～30℃，喜排水良好，富含有机质、pH 4.5～5.8 酸性砂质土壤。

◆ **园林用途**：宜于配植在林下及荫处，又可盆栽供室内观赏。

◆ **观赏特性**：树形美观，枝叶繁茂。食用神秘果后再食用所有食物均为甜味，是具有较高应用价值的观叶、观果、观形植物。

◆ **繁殖方法**：播种繁殖。点播、撒播或条播，种子随采随播，不可曝晒或久存，种子入土 2cm 左右，发芽率可达 100%，当小苗长到 5cm 左右，有 4、5 片真叶时，可进行移植，在苗期要加强肥水管理和适当荫蔽，神秘果生长缓慢，一般植后 3～4 年才开花结果，采用扦插繁殖可提前 1～2 年结果，并可矮化树型提高观赏价值。

◆**种植技术**：宜选择土壤深厚、土质疏松肥沃、排水良好、有机质含量较高的地方种植，适于密植，植距 1.5 ～ 3m，要求温湿条件较高，适宜于热带南亚热带低海拔潮湿地区生长，有一定耐旱、耐寒能力。定植浇足定根水。晴天时注意保持土壤湿润，雨天注意排水。随着苗木生长，及时中耕除草。幼年树采用薄肥勤施方法，每 10 ～ 15 天施一次 10% 腐熟人粪尿加 5% 过磷酸钙或用 4% 复合肥水浇灌。随着苗木生长，肥料逐渐改用干施方法。

硃砂根（富贵子、珍珠伞、大罗伞、八爪金龙）

Ardisia crenata Sims.

紫金牛科（*Myrsinaceae*）紫金牛属（*Ardisia*）

识别特征

　　常绿灌木。嫩叶红色，叶互生；叶革质或坚纸质，狭椭圆形或倒披针形，长 6 ～ 13cm，宽 2 ～ 3.5cm，先端尖，基部楔形，边缘皱波状或波状齿，具明显的边缘腺点，下面呈淡红色。伞形花序或聚伞花序，着生于侧生特殊花枝顶端，花枝近顶端常具 2、3 片叶或更多，或无叶；花梗长 7 ～ 10mm，几无毛；花长 4 ～ 6mm，花萼仅基部连合，萼片长圆状卵形，顶端圆形或钝，全缘，两面无毛，具腺点；花瓣白色，稀略带粉红色，盛开时反卷，卵形，顶端急尖，具腺点，外面无毛，里面有时近基部具乳头状突起；雄蕊较花瓣短，花药三角状披针形，背面常具腺点；雌蕊与花瓣近等长或略长，子房卵珠形，无毛，具腺点，胚珠 5 枚，1 轮。浆果鲜红色，球形，有稀疏黑腺点。

◆**季相变化及物候**：花期 5 ～ 7 月，果期 9 ～ 12 月。

◆**产地及分布**：产自我国滇西北（贡山以南）、滇西南及滇东南等地，滇中可露地栽培。分布较广泛，东从台湾至西藏东南部，北从湖北至广东皆有。日本、印度尼西亚、中南半岛、马来半岛、缅甸至印度均有分布。

◆**生态习性**：喜光、喜湿润或半燥的气候环境，要求生长环境的空气相对温度在 50% ～ 70%。

◆**园林用途**：适合于园林假山、岩石园中配置，也可成丛配置在花境、游步道、庭院及公园的角隅处，营造自然气息。

◆**观赏特性**：树姿优美，四季常青，秋冬红果串串，鲜红艳丽，圆滑晶莹，非常具有观赏价值。

◆ **繁殖方法**：播种或扦插繁殖。1、播种繁殖：种皮坚硬，不易吸水发芽，播前应磋磨后用温水浸泡一天，点播或撒播在土质疏松的苗床内。播后覆土做覆盖物，保持湿润。播种要在气温上升到 25℃ 以上时进行。30 天左右能生根发芽。2、扦插繁殖：适宜气温为 25～30℃ 左右夏季为最佳扦插时间。插枝宜选择健壮无病虫害的当年生半木质化和一年生还有叶片的枝条做插穗，可用植物生长调节剂处理，如维生素 B_1、维生素 B_{12}。扦插基质可采用砻糠灰或砂质素土。插后保湿。

◆ **种植技术**：硃砂根宜选择土壤疏松、半阴、通风良好的生长环境。根据选择苗木大小开挖定植穴，苗垂直放入种植穴后培土稍压，使根系与土壤接触好。表面覆盖一层粗塘泥或铺一层青苔，浇水压土，水浇透，并防止苗木倾斜。用遮阴网遮蔽，10～15 天后可转入正常管理。

小叶女贞（小叶水蜡树）

Ligustrum quihoui Carr.

木犀科（*Oleaceae*）女贞属（*Ligustrum*）

> **识别特征**
>
> 常绿灌木。叶片薄革质，形状和大小变异较大，叶缘反卷，上面深绿色，下面淡绿色，常具腺点，两面无毛，稀沿中脉被微柔毛，中脉在上面凹入，下面凸起，侧脉 2～6 对，不明显。圆锥花序顶生，近圆柱形，花白色，分枝处常有 1 对叶状苞片；小苞片卵形，具睫毛。果倒卵形、宽椭圆形或近球形，呈紫黑色。

◆ **季相变化及物候**：花期 5～7 月，果期 8～11 月。

◆**种植技术**：扦插苗长根后即可移栽种植，种植株行距 30cm×30cm 为宜，放足基肥；种植后浇定根水，保持土壤湿润，但浇水过多易导致根部腐烂。除需施基肥，在幼苗期以及生长初期多施氮肥之外，在生长旺盛期，每 15～20 天需施一次腐熟的稀薄液肥或复合肥。开花期要多施磷、钾含量较高的肥料，每隔 30～45 天施 1 次即可。定植后及时摘心，以促进分枝，防止茎节间徒长、茎秆变细，控制植株高度，增加开花数量。花后应适当修剪，摘心以促进分枝，控制植株高度，保持株形优美。

硬枝黄婵

Allemanda neriifolia Hook.

夹竹桃科（*Apocynaceae*）黄蝉属（*Allemanda*）

识别特征

常绿直立灌木，高 1～2m，具乳汁。枝条灰白色。叶 3～5 枚轮生，全缘，椭圆形或倒卵状长圆形，长 6～12cm，宽 2～4cm，先端渐尖或急尖，基部楔形，叶面深绿色，叶背浅绿色，除叶背中脉和侧脉被短柔毛外，其余无毛；叶脉在叶面扁平，在叶背凸起，侧脉每边 7～12 条；叶柄极短，基部及腋间具腺体。聚伞花序顶生；总花梗和花梗被秕糠状小柔毛；花橙黄色，长 4～6cm，张口直径约 4cm；花冠漏斗状，内面具红褐色条纹。蒴果球形，具长刺。

◆**季相变化及物候**：花期 5～8 月，果期 10～12 月。

◆**产地及分布**：我国广西、广东、福建、台湾及北京（温室内）的庭院间均有栽培。本种原产巴西，现广泛栽培于热带、南亚热带地区。

◆**生态习性**：喜高温、多湿，阳光充足。适于肥沃、排水良好的土壤。

◆**园林用途**：适于公园绿地、道路、庭院栽培。于池畔、路旁群植，作花篱或满栽。

◆**观赏特性**：花金黄花、色鲜艳，栽培管理容易，作为观赏植物在世界各地栽培广泛，以观花为主。

◆**繁殖技术**：扦插繁殖。20～25℃最宜，剪取15～20cm长的半木质化枝条，去掉下部叶片，扦插基质河砂、素红土、泥炭或混合基质，遮阴保湿，扦插苗长根后，及时摘心，培养矮化丰满株形。小苗应及时摘心，培养枝条，枝条达5、6分枝后修枝整形，培养矮化株形。生长季节，常保持土壤湿润，每20天施肥一次，促其枝梢旺盛，花开不断。休眠期控制水分。

◆**种植技术**：同软枝黄蝉。

木长春（红花蕊木）

Kopsia fruticosa （Ker）A. DC.

夹竹桃科（Apocynaceae）蕊木属（Kopsia）

◁ 识别特征 ▷

　　常绿灌木，高可达3m。叶纸质，椭圆形或椭圆状披针形，长10～16cm，宽2.5～6cm，顶部具尾尖，基部楔形，两面无毛，上面深绿色，具光泽，下面淡绿色；中脉和侧脉在叶背凸起，侧脉每边10～14条，斜曲上升，在叶缘网结。聚伞花序顶生，被微毛；总花梗短，长约1cm，粗壮；花梗长5～7mm；苞片长约1.5mm，两面被微毛；萼片卵圆形，长约1.5mm，两面被微毛；花冠粉红色，花冠筒细长，长达3.8mm，喉部膨大，外面无毛，内面喉部被柔毛，花冠裂片长圆形；管颈深红色，雄蕊着生在花冠喉部，花丝短；花盘舌状，比子房短或等长，与心皮互生；子房由2枚离生心皮组成，被绒毛，花柱细长，柱头棒状，每心皮有胚珠2。核果通常单个；种子1，坛状，长1.3～2.5mm，斜截形，被短柔毛，种皮薄，绿紫色。

◆ **季相变化及物候**：花期 6 ~ 11 月，果期冬季~翌年春季。

◆ **产地及分布**：我国云南南部、广东有栽培；分布于印度尼西亚、印度、菲律宾和马来西亚。

◆ **生态习性**：阳性植物，喜光，性喜高温、湿润，生长适宜温度 23 ~ 32℃，耐热、耐旱、不耐寒；喜肥沃、排水良好土壤。

◆ **园林用途**：适于公园绿地、庭院、单位、小区应用，孤植、丛植、片植均可，尤其适于庭院栽植、围墙边列植。

◆ **观赏特性**：叶暗绿色，有光泽，花浅粉红色，花型美丽，花色淡雅，似花季少女。

◆ **繁殖方法**：扦插繁殖。扦插基质以净河砂、泥炭或花泥为佳，雨季进行，选当年生半木质化枝条，长 10 ~ 15cm，去下部两片叶，插入 1/3 ~ 2/5，遮阴保湿。

◆ **种植技术**：栽培基质以壤土或轻壤土为佳。春季至秋季每月追肥一次。冬季需预防寒害。植株老化需在冬季花后重剪。

夹竹桃（红花夹竹桃、柳叶桃、洋桃）

Nerium indicum Mill.

夹竹桃科（*Apocynaceae*）夹竹桃属（*Nerium*）

识别特征

　　常绿直立大灌木。叶3、4枚轮生，下枝为对生，基部楔形，叶缘反卷，长11～15cm，宽2～2.5cm，叶正面深绿，无毛，叶背浅绿色，有多数凹点；叶柄扁平，基部稍宽，长5～8mm，幼时被微毛，老时毛脱落。聚伞花序顶生，着花数朵；总花梗长约3cm，被微毛；花冠深红色或粉红色，花冠为单瓣呈5裂时，其花冠为漏斗状；花冠为重瓣呈15～18枚时，裂片组成三轮，内轮为漏斗状，外面二轮为辐状。

　◆**季相变化及物候**：花期几乎全年，夏秋为最盛；果期一般在冬春季，栽培很少结果。

　◆**产地及分布**：原产于伊朗、印度、尼泊尔；现广植于世界热带地区。我国各省区有栽培，尤以南方为多，长江以北须在温室越冬。

　◆**生态习性**：性喜阳光充足，喜温暖，不耐寒。耐旱，对土壤适应性强，但在肥沃、湿润、排水良好的土壤上生长良好。

　◆**园林用途**：常在公园绿地、风景区、道路或河旁、湖畔周围栽培，为抗污树种，是抗污能力强的植物，也可用于工矿企业。

◆**观赏特性**：花大、艳丽、花期长，叶常绿，优良的观花植物。

◆**繁殖方法**：压条、扦插或分株繁殖。1、压条繁殖：多在雨季进行，选用地栽植株靠近地面的枝条进行压条繁殖，压条时将节部刻伤压入土中，保持20℃以上的温度，2周以后即可发根。2、扦插繁殖：春季未现花蕾前从母株的中上部及外围剪取1～2年生枝，剪成长10～12cm，基部为斜面的插穗，顶部留1片叶。将剪好的插穗放入水中，基部浸入1/3，浸泡7～10天，中间换水3次。插穗浸泡7～10天后，待部分基部有白色突起时，可扦插。3、分株繁殖：夹竹桃常在茎基部萌发出根蘗苗，生根后可将其切离母体进行栽植。

◆**种植技术**：早春移植须带土球栽植。种植地点须向阳、不积水。夏季移植，需修掉部分枝条以减少水分蒸发，促进成活。定植后保持土壤湿润。成活后通过修剪控制树形。一般幼苗主干长至40～50cm时定干，保留3个主枝，以后每年早春或秋末修剪时，仍用同样方法对主侧枝和其上的侧枝进行修剪，使树形为"三杈九顶"的"蘑菇形"，保证树冠丰满，观赏价值高。花后及时去除残花。

黄花夹竹桃

Thevetia peruviana（Pers.）K. Schum.

夹竹桃科（*Apocynaceae*）黄花夹竹桃属（*Thevetia*）

识别特征

常绿灌木，全株无毛。多枝柔软，小枝下垂；全株具丰富乳汁。叶互生，近革质，无柄，线形或线状披针形，两端长尖，长10～15cm，宽5～12mm，光亮，全缘，边稍背卷；中脉在叶面下陷，在叶背凸起，侧脉两面不明显。花大，黄色，具香味，顶生聚伞花序，长5～9cm；花冠漏斗状，花冠筒喉部具5个被毛的鳞片；花黄色，冠裂片向左覆盖，比花冠筒长。核果扁三角状球形。

◆**季相变化及物候：** 花期5～12月，果期8月～翌年春季。

◆**产地及分布：** 原产美洲热带地区，我国台湾、福建、广东、广西和云南等省区均有栽培。

◆**生态习性：** 阳性植物。喜温暖湿润的气候。耐寒力不强，不耐水湿，要求选择高燥和排水良好的小环境栽植。喜光好肥。也能适应较阴的环境，但在庇荫处栽植，花少色淡。

◆**园林用途：** 可在建筑物旁，公园绿地、路旁、池畔等种植。抗空气污染的能力较强，对二氧化硫、氯气、烟尘等有毒有害气体具有很强的抵抗力，吸收能力也较强，是工矿企业美化绿化的优良树种。

◆**观赏特性：** 花期近4个月，是不可多得的夏季观花树种。

◆**繁殖方法：** 扦插繁殖。在春季和夏季都可进行，春季剪取一二年生枝条，截成15～20cm的段，20根左右捆成一束，浸于清水中，入水深为茎段的1/3，每1～2天换同温度水一次，温度控制在20～30℃，浸水部位刚发生不定根时可扦插。夏季嫩枝扦插，即选用半木质化枝条为插穗，保留顶部3片小叶，插于基质中，注意及时遮阴和水分管理，成活率高。

◆**种植技术：** 宜选择空气湿度大，土层深厚、肥沃的土壤种植。春、夏、秋三季生长旺季，除施有机肥料外，还应进行适当地肥水管理。及时修剪瘦弱、病虫、枯死、过密等枝条。结合扦插对枝条进行整理。病虫害常有褐斑病，蚜虫，介壳虫，黑斑病等。

栀子（黄栀子）

Gardenia jasminoides Ellis

茜草科（*Rubiaceae*）栀子属（*Gardenia*）

识别特征

　　常绿灌木。叶对生，革质，稀为纸质，少为3枚轮生，叶形多样，通常为长圆状披针形、倒卵状长圆形、倒卵形或椭圆形，顶端渐尖、骤然长渐尖或短尖而钝，基部楔形或短尖，两面常无毛，上面亮绿，下面色较暗；侧脉8～15对，在下面凸起，在上面平。花冠白色或乳黄色，高脚碟状，喉部有疏柔毛，冠管狭圆筒形，通常6裂。果黄色或橙红色，有翅状纵棱5～9条。

◆ **季相变化及物候**：花期3～7月，果期5月～翌年2月。

◆ **产地及分布**：原产于我国长江流域以及以南各地，河北、陕西和甘肃有栽培；国外分布于日本、朝鲜、越南、老挝、柬埔寨、印度、尼泊尔、巴基斯坦、太平洋岛屿和美洲北部，野生或栽培。

◆ **生态习性**：喜阳光但又不耐强烈阳光照射，性喜温暖湿润气候，适宜生长在疏松、肥沃、排水良好、轻粘性酸性土壤中，是典型的酸性指示植物。抗有害气体能力强，萌芽力强，耐修剪。

◆ **园林用途**：园林中可孤、丛植、片植于庭院、公园绿地，或列植成绿篱，或作大型花

坛边缘、建筑物基础、大型观赏石基及近侧等处栽植，亦可片植于阳坡台地。

◆**观赏特性**：栀子花叶常绿而光亮，花洁白而芳香，花大且花期长，其花期又正值暑热，馥郁芳香，栀子花也可以作簪花、饰花等。

◆**繁殖方法**：播种或扦插繁殖。1、播种繁殖：分春播和秋播，以春播为好。2月选取饱满、色深红的果实，于水中搓散，捞取下沉的种子，晾干水份；随即与细土或草木灰拌匀，条播于畦沟内，盖以细土，再覆盖稻草；发芽后除去稻草，经常除草陆续间苗，保持株距 10～13cm。幼苗培育 1～2 年，高 30cm 多，即可定植。2、扦插繁殖：在春季、夏季剪取半木质化枝条，剪成长 15～20cm 的插穗，插时稍微倾斜，3/5 露出地面，约一年后即可移植。

◆**种植技术**：pH 4.0～6.5 的土壤为宜。整地造畦高 20cm，宽 1.2～1.5m。每 667m² 施基肥 2000kg。按行距 27cm，挖宽 7cm、深 3cm 的横沟 2～3 月间定植，按株距 1.0m，作好穴，并用堆肥 2kg 与细土拌匀作基肥。每穴栽苗 1 株。幼苗期须经常除草、浇水，保持苗床湿润，施肥以淡人粪尿为佳。夏季，每天早晚向叶面喷一次水，以增加空气湿度，保持叶面清洁光泽。定植后，在初春与夏季各除草、松土、施肥 1 次，并适当覆土。

抱茎龙船花

Ixora amplexicaulis C. Y. Wu ex Ko

茜草科（*Cyperaceae*）龙船花属（*Ixora*）

识别特征

常绿灌木或小乔木，高 6m。小枝圆柱形，无毛，干后褐色。叶薄草质或厚纸质，无柄，椭圆形，罕有倒披针形，长 13～15cm，宽 5～6cm，顶端短尖，基部抱茎，两面无毛，干后褐色；中脉在叶面凹陷，侧脉每边 10～15 条，弯拱向上，近叶缘连结；托叶钻形。伞房花序顶生，具总花梗，总花梗与花梗均被微柔毛，长 1.5～3.5cm，基部常具不发育的小叶，第二次分枝长 2.5～3cm，有长 1.5～2mm，钻形的苞片；花具短梗，生于第三分枝上与分枝均为红色，基部有小苞片；花萼长约 3mm，萼管长 2mm，萼檐裂片三角形，短于萼管；花冠未开放，冠管稍粗，喉部无毛，裂片披针形，长 4～5mm，顶端略钝。果未见。

◆**季相变化及物候**：花期长，每年 3～12 月均可开花。

◆**产地及分布**：产我国云南南部的普文、勐腊等地。

◆**生态习性**：喜湿润炎热，阳光充足的环境，也耐半阴。不耐寒，抗旱，怕积水，喜酸性的土壤。

◆**园林用途**：在各类型的绿地中均可广泛的应用，丛植、片植、列植等方式进行配置，形成不同的特色。

◆**观赏特性**：开花时节为花篱，不开花时为绿篱，花色艳丽，婀娜多姿。

◆**繁殖方法**：扦插或播种繁殖。播种繁殖：播种前用多菌灵或甲基托布津进行消毒处理，播种介质可用泥炭土∶黄泥土∶珍珠岩=2∶0.5∶1的比例配置，一般播于穴盘或苗床。每穴放一粒种子，播种后轻轻用手挤压使种子以介质黏合，然后用喷雾器喷透水再盖上报纸或塑料薄膜，要长期保持报纸湿润，待种子发芽后将报纸翻开。

◆**种植技术**：宜选择肥沃、疏松、排水良好的土壤进行种植。浇水：夏季气温较高，上午可对植株进行适当的浇水。雨季注意防止水涝，烂根。冬季少浇水，每隔2～3天进行浇一次。施肥：龙船花属植物喜肥，但忌生肥和熟肥，在生长期每半个月用腐熟鸡粪便和腐熟豆饼肥等进行施肥。修剪：修剪一般选择在春季进行，修剪主要目的是对植株进行适当的疏枝，以利通风，分枝较少则应进行强剪主枝，使其多生侧枝，及时剪去病虫枝和枯死枝、下垂枝。

龙船花（山丹、英丹花、水绣球、卖木子、蒋英木、卖子木）

Ixora chinensis Lam.

茜草科（*Rubiaceae*）龙船花属（*Ixora*）

识别特征

　　常绿灌木，高 0.8～2m，无毛。叶对生，有时由于节间距离极短几成 4 枚轮生，披针形、长圆状披针形或长圆状倒披针形，长 6～13cm，宽 3～4cm，先端钝或圆，基部短尖或圆形，中脉在正面略凹下，在背面凸起，侧脉 7、8 对，纤细，明显，近叶缘处彼此连结，横脉疏散，明显；叶柄极短而粗或无；托叶长 5～7mm，基部阔，合生成鞘状。花序顶生，多花，总花梗长 5～15mm，与分枝均呈红色，罕见被粉状柔毛，基部常见小型叶 2 枚承托；苞片和小苞片微小，成对生于花托基部；花冠红色或橙色，长 2.5～3cm，花冠裂片 4，倒卵形或近圆形，扩展或外反；花丝极短，花药长圆形；花柱稍伸出，柱头 2。果近球形，双生，中间 1 沟，成熟时红黑色；种子长 4～4.5mm，腹面凸，背面凹。

◆**季相变化及物候**：花期 3～12 月，果期 6 月～翌年 2 月。

◆**产地及分布**：龙船花原产于我国、缅甸和马来西亚。主要分布于勐腊、景洪；广西、广东、香港、福建；生于海拔 200～800m 山地灌丛中和疏林下，村落附近的山坡和旷野路旁也有生长。

◆**生态习性**：阳性植物。喜光，喜高温炎热、湿润的气候，生长适宜温度 23～32℃，不耐低温，温度低于 10℃生长缓慢；温度低于 0℃产生冻害；生长适应性强，速生，耐热、极耐旱、耐贫瘠，喜酸性土壤。

◆**园林用途**：园林应用广泛，适用于公园绿地、庭院、单位、小区、道路应用，种植于花坛，做绿篱，花带，花镜或盆栽。

◆**观赏特性**：龙船花花期长，分枝多，花繁叶茂，花色艳丽，红似火、橙如霞，花覆于叶面之上，整体色彩效果好。

◆**繁殖方法**：扦插、压条或播种繁殖。1、扦插繁殖：雨季进行，选取当年生半木质化枝条，长 10～15cm，用 5000ppm 的 IBA 浸泡插穗 3～5s，插后遮阴保湿，生根后及时移栽。2、压条繁殖：离枝顶 22～25cm 处环割长 1～1.5cm 将韧皮部剥离，用素红土加水捏鸡蛋大小土团，包在环割处，用塑料薄膜扎紧。约 2 个月生根后及时剪断枝条栽植。3、播种繁殖：春季进行，长出 3、4 片叶时移栽。

◆**种植技术**：选择阳光充足的地方，以排水良好的、酸性富含有机质的砂质壤土或腐殖土为佳。春季至秋冬季节生长开花期每月追肥一次腐熟有机肥料或无机复合肥。干旱季节保持土壤湿润，早春修剪整枝，植株老化需重剪。

滇龙船花

Ixora yunnanensis Hutchins

茜草科（*Rubiaceae*）龙船花属（*Ixora*）

- **识别特征** -

　　常绿灌木。叶对生或近轮生，纸质，狭披针形或狭长圆形，长 7～22cm，宽 1～3（4）cm，顶端长渐尖，基部渐狭而下延，幼嫩时灰绿色；中脉和侧脉在叶片两面均凸起，侧脉每边 12～15 条，明显，顶端分叉在叶缘处彼此连结，横脉松散，不明显。花序顶生，多花，几无梗；苞片和小苞片披针形，短尖；花芳香，花梗无或极短；花冠黄白色至黄色，盛开时冠管长 3～4cm，喉部无毛，顶部 4 裂，裂片长圆形，顶端钝，长 6mm，宽 2.5mm，向下反。果长圆形，长 1cm，成熟时红色，顶部有残留的萼檐裂片。

◆ **季相变化及物候**：花期 2 ～ 7 月

◆ **产地及分布**：产我国云南。

◆ **生态习性**：喜光、耐半阴，喜温暖、湿润的环境，不耐寒，不耐水湿和强光。需用酸性土栽培，要求土壤疏松、排水良好。

◆ **园林用途**：宜作公园绿地、庭院、道路的观花植物。也是重要的盆栽木本花卉，广泛用于盆栽观赏。

◆ **观赏特性**：枝叶繁茂、株形美观，开花密集，花色乳黄，柔和而美丽。

◆ **繁殖方法**：播种、压条或扦插繁殖。1、播种繁殖：冬季采种，春季播种。发芽适温为22 ～ 24℃，播后 20 ～ 25 天发芽，长出 3、4 对真叶时可移苗。扦插在生长季都可进行，尤以 6 ～ 7月为佳。取一年生枝 2、3 节；扦于河砂，遮阴保温，约 50 天生根。2、压条繁殖：春季进行，选分枝多而密集的植株，在离顶端 20cm 处行环状剥皮，鸡蛋大的湿泥炭或素红土捏成团，包在环割处，薄膜包扎，2 个多月可愈合生根。

◆ **种植技术**：种植以选择光照充足、温暖湿润、肥沃疏松、排水良好的土壤为宜，种植前深耕 30cm 左右，畦高 20cm，宽 1m 左右，打碎土块，耙平，每平方米施基肥 3kg。种植后盖土压紧，浇定根水。小苗长到 20 ～ 25cm 时摘心，以促发侧枝，使株型丰满。每年中耕除草 3 次。

希美丽（长隔木）

Hamelia patens Jacq.

茜草科（*Rubiaceae*）长隔木属（*Hamelia*）

常绿灌木，高 2 ～ 4m，嫩部均被灰色短柔毛。叶常 3 枚轮生，椭圆状卵形至长圆形，长 7 ～ 20cm，顶端短尖或渐尖。聚伞花序有 3 ～ 5 个放射状分枝；花无梗，沿花序分枝的一侧着生；萼裂片短，三角形；花冠橙红色，冠管狭圆筒状，长 1.8 ～ 2cm；雄蕊稍伸出。浆果卵圆状，直径 6 ～ 7mm，暗红色或紫色。

◆**季相变化及物候**：花期 5 ～ 10 月，温度适宜全年可开花。

◆**产地及分布**：原产巴拉圭等拉丁美洲各国；我国南部和西南部有园林栽培。

◆**生态习性**：喜光，喜高温高湿，耐炎热，不耐寒，适应性强，发枝力强，生长速度快，对土壤要求较不严格，但以排水良好的微酸性壤土生长最好。

◆**园林用途**：宜植于庭院、公园绿地，道路绿地，可孤植、丛植或片植做地被。

◆**观赏特性**：花期长，花色艳丽繁多，具良好的观赏价值。

◆**繁殖方法**：扦插繁殖。插穗选择健壮、无病虫害的半木质化枝条，长约 10 ～ 15cm，将插穗全部叶片剪去，以减少叶面水分蒸发，插入砂床或素红壤苗床，温度控制在 15 ～ 20℃最宜，插后 30 ～ 40 天生根，生根后待小苗长到 2 ～ 3cm 即可移栽。

◆**种植技术**：宜选择排水良好的微酸性壤土进行种植。当苗长到高 10 ～ 15cm 时，应及时摘除顶芽，保留下部 5 ～ 8cm 高度，新抽枝长出 8 ～ 10cm 时，进行第二次摘心，如此反复几次，

可形成丰满的树冠。已开花的大植株，一年可进行两次修剪。春秋两季每天浇水一次，夏季可早晚各浇一次水，冬季控制浇水。苗长出新根后可施定根肥，可用浓度为 0.5% 的复合肥浇水，施后叶面喷水，以防灼伤叶片，生长季节可根据植株的大小，施入适量的磷、钾复合肥。主要的病虫害为煤污病、叶斑病、褐斑病、蚜虫、食叶蛾等。

粉叶金花（粉纸扇）

*Mussaenda hybrida cv.*Alicia

茜草科（*Rubiaceae*）玉叶金花属（*Mussaenda*）

同属还有红叶金花 M.erythrophylla、白叶金花 M. frondosa，白纸扇 M.philippica，株型类似，花色不同。繁殖栽培管理要求类似。

识别特征

常绿灌木，株高 1～2m。叶对生，长椭形，全缘，叶面粗，尾锐尖，叶柄短。小花金黄色，高杯形合生呈星形，花小很快掉落，经常只看到其萼片，且萼片肥大，盛开时满株粉红色，非常醒目；花期夏至秋冬，聚散花序顶生，很少结果。

◆ **季相变化及物候**：花期 4～11 月。

◆ **产地及分布**：原产热带非洲、亚洲，我国南方有园林观赏栽培。

◆ **生态习性**：阳性植物，喜光照充足，荫蔽处生育开花不良；性喜高温，耐热，耐旱；忌长期积水或排水不良。栽培土质不限，以排水良好的肥沃疏松微酸性至酸性壤土或砂质壤土为佳。

◆ **园林用途**：在园林中可与龙船花、野牡丹、栀子、鬼灯笼等配植，也可丛植或片植于疏林草地上、花镜，颇具野趣，也可盆栽、花槽栽植。

◆ **观赏特性**：花期甚长，盛开时满株粉红色，非常醒目。

◆ **繁殖方法**：扦插繁殖。2～3 月最佳，选取去年生无病虫害健康枝条作为插穗，穗长约 15～18cm，保持 3、4 节为好，插穗上端切口在芽上 1～2cm 处，以略斜能排水为好，下端切口以在近节处下部平切，然后用植物生长调节剂，如生根粉等和泥混合成泥浆，将插穗剪口蘸泥浆，处理后斜插或入育苗床，插入深度为插穗全长的 1/2～2/3。扦插基质质可用净河砂，温度在 25～28℃，苗床应通风凉爽，每天喷一次水保湿，插后 4～5 个月可移植。

◆ **种植技术**：当幼苗长出 3～5 对叶子时，可进行移栽。以排水良好、富含腐殖质的壤土为最佳，苗期温度在 20～30℃时枝叶生长较快，保持土壤湿润，每月追施一次腐熟肥。生长期对苗木进行摘心、疏剪，还可根据造型需要牵引定型，同时及时剪除枯枝、老枝、过密枝、徒长枝、病虫枝。花后要时剪除残枝，以减少养分消耗，促其再度开花。生长期给予充足光照，花蕾期根外追肥钾肥，能使花色艳丽，花期延长。

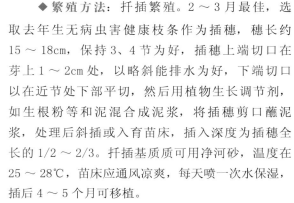

大叶玉叶金花

Mussaenda macrophylla Wall.

茜草科（*Rubiaceae*）玉叶金花属（*Mussaenda*）

识别特征

  常绿灌木。叶对生，长圆形至卵形，顶端短尖，基部楔形，两面被疏散贴伏柔毛；叶柄极短或近无柄；托叶大，卵形，短尖，2浅裂，密被棕色柔毛。聚伞花序有短总花梗；苞片大，2～3深裂，裂片披针形，渐尖，密被长柔毛；花大，橙黄色，近无柄；花萼管钟形，密被棕色柔毛，萼裂片近叶状，披针形，密被棕色柔毛；花冠管淡绿色，中部以上略膨大，密被柔毛，花冠裂片卵形，渐尖，有硬尖头，外面疏被长柔毛，喉部有稠密淡黄色棒状毛；雄蕊内藏。浆果深紫色，椭圆状。

  ◆**季相变化及物候**：花期6～7月，果期8～11月。

  ◆**产地及分布**：产于我国台湾、广东、广西和云南；国外分布于印度东北部、尼泊尔、马来半岛、菲律宾和印度尼西亚。

  ◆**生态习性**：喜阳、也耐半阴，湿润、不耐寒，较耐旱、不耐水湿，喜温暖湿润气候。适生于肥沃疏松的微酸性至酸性土壤。

  ◆**园林用途**：在园林中可与龙船花、野牡丹、栀子、鬼灯笼等配植，或片植于疏林草地上、花镜，颇具野趣。

◆**观赏特性**：花期甚长，花姿洁白轻盈，洁白的萼片似一只只蝴蝶飞舞于绿叶之上，是园林中本土的观花灌木植物。

◆**繁殖方法**：扦插繁殖。春季选择一年生、充实健壮的嫩枝，剪取插穗长度 8 ～ 12cm 并将其下端剪成 45°，扦插前可将插穗底部在低浓度高锰酸钾溶液中浸泡 1 ～ 2h，扦插于河砂或珍珠岩插床中，扦插深度以插穗长度的 1/3 ～ 1/2 为宜，插好后要一次性浇透水。在以后的管理中要注意遮阴和保持空气湿度，一般空气湿度以 80% ～ 90% 为佳。干燥时要及时向叶面及周围空间喷水，10 ～ 15 天后可生根成活。

◆**种植技术**：种植需置于全日照或半日照的环境中。当幼苗长出 3 ～ 5 对叶子时，即可进行移栽种植。种植排水良好、富含腐殖质的壤土或砂质壤土为最佳，苗期温度在 20 ～ 30℃ 时枝叶生长较快，土壤保持湿润，每月可追施一次腐熟肥。生长过程中为保持株型可对苗木进行摘心，对过长枝进行疏剪，还可以根据造型需要牵引定型，同时对枯枝、老枝、过密枝、徒长枝、病虫枝等及时剪除，以改善通风透光条件。花后要及时剪除残枝，以减少养分消耗，促其再度开花。生长期要给予充足光照，勤施薄肥花蕾期根外追肥钾肥，花色艳丽，花期延长，花后需及时修剪。

鳞斑荚蒾

Viburnum punctatum Buch. -Ham. ex D. Don

忍冬科（*Caprifoliaceae*）荚蒾属（*Viburnum*）

◆ **识别特征**

常绿灌木。幼枝、芽、叶下面、花序、苞片和小苞片、萼筒、花冠外面及果实均密被铁锈色、圆形小鳞片而无寻常的毛被；当年小枝密生褐色点状皮孔，初时有鳞片；枝灰黄色，后变灰褐色。冬芽裸露。叶硬革质，矩圆状椭圆形或矩圆状卵形，少有矩圆状倒卵形，全缘或有时上部具少数不整齐浅齿，边内卷，顶端骤尖而钝尖，有时尾尖，基部宽短尖，上面榄绿色有光泽，侧脉 5 ～ 7 对，弧形，下面凸起，小脉不明显；叶柄粗壮，上面有深沟。聚伞花序复伞形式，平顶，直径 7 ～ 10cm，总花梗无或极短，第一级辐射枝 4、5 条，第二级辐射枝长达 8mm，花生于第三至第四级辐射枝上；萼筒倒圆锥形，萼齿短，宽卵形，顶圆或钝形，边缘膜质；花冠白色，辐状，裂片宽卵形，顶圆形；雄蕊约与花冠裂片等长或略超出，花药宽椭圆形；柱头头状。果实红色后转黑色，宽椭圆形，扁。

◆**季相变化及物候**：花期 4～5 月，果熟期 10 月。

◆**产地及分布**：产我国四川西南部、贵州和云南。

◆**生态习性**：阳性植物。喜光，喜温暖湿润，也耐阴，耐寒，对气候因子及土壤条件要求不严，但以微酸性肥沃土壤最佳。

◆**园林用途**：可花篱、球形孤植、丛植、花境等，适合应用于单位、小区、公园绿地等。

◆**观赏特性**：枝叶稠密，树冠球形；叶形美观，入秋变为红色；开花时节，纷纷白花布满枝头；果熟时，红果累累，赏心悦目。

◆**繁殖方法**：扦插繁殖。按 1.2m×1.5m 或 1.5m×5m 规格作高床，培养基质 25cm 厚，腐殖土、河砂和炉渣混合基质。从强壮母本上剪取枝条，用清水冲洗保持湿润，截成长 10cm 插穗，保留 2 片小叶，并将保留的叶片剪去 1/3，绑扎成捆。插条用 0.2% 的高锰酸钾溶液消毒 30min。直插，株行距为 5cm×12cm，扦插深度为插穗的 1/3～1/2。压实插穗的四周基质，喷壶浇透水。扦插后棚内温度保持在 20～30℃，空气湿度保持不低于 80%～90%，同时保持基质湿润。扦插后每 10 天左右对苗床喷施 0.1% 多菌灵溶液 1 次，直到移苗出棚；当穗条生根和进行顶梢生长，可每半月喷施 0.1% 的复合肥。

◆**种植技术**：幼苗长到 15cm 左右时可起苗。移苗时间应选在阴天或早晚时进行，用小铲在土层 10cm 以下连土带苗铲起，不要伤根、伤苗，即挖即栽。移植株行距 40cm×50cm，覆土后浇 1 次透水。

木本曼陀罗（大花曼陀罗）

Datura arborea（L.） Stend.

茄科（*Solanaceae*）曼陀罗属（*Datura*）

识别特征

常绿灌木。叶卵状披针形、矩圆形或卵形，顶端渐尖或急尖，基部不对称楔形或宽楔形，全缘、微波状或有不规则缺刻状齿，两面有微柔毛，侧脉每边7～9条。花单生，俯垂，花梗长3～5cm；花萼筒状，中部稍膨胀，裂片长三角形；花冠白色，脉纹绿色，长漏斗状，筒中部以下较细而向上渐扩大成喇叭状，檐部裂片有长渐尖头。浆果状蒴果，表面平滑，广卵状。

◆ **季相变化及物候**：花期6～10月。

◆ **产地及分布**：原产美洲热带；我国北京、青岛等市有栽培，冬季放在温室，福州，广州等市及云南南部则终年可在户外栽培生长。

◆ **生态习性**：性喜温暖、湿润环境，喜光、不耐湿。对土壤要求不严，以疏松含腐殖质的微碱性土壤为佳。

◆ **园林用途**：适合孤植、列植或群植3～5株丛植于林缘、坡地、池边或山石边观赏。

◆ **观赏特性**：木本曼陀罗花大具芳香，巨毒，是很好的观花植物，但不宜在儿童公园或儿童活动区内种植。

◆**繁殖方法**：播种繁殖，于 4 月上旬，在畦上按株行距 60cm×50cm，开 3cm 深的穴，将种子撒入，每穴 5、6 粒，覆土 1cm，稍压，保湿。每亩用种量约 1kg。若育苗移栽，宜 5 月下旬，移栽定植。

◆**种植技术**：选向阳、肥沃、排水良好的土地，冬前耕翻 30cm，结合耕翻每亩施入圈肥或土杂肥 2000kg，耙细整平，开春后再翻 1 次，打碎土块，整细耙乎，做成 1.5m 宽的平畦。在畦上按株行距 60cm×50cm，开 3cm 深的穴，将种子撒入，每穴 5、6 粒，覆土 1cm，稍压，保湿。每亩用种量约 1kg。若育苗移栽，宜 5 月下旬，移栽定植。

非洲鸳鸯茉莉（少花番茉莉）

Brunfelsia pauciflora

茄科（*Solanaceae*）番茉莉属（*Brunfelsia*）

识别特征

多年生常绿灌木，植株高约 70～150cm。茎皮成深褐色或灰白色，分枝力强，周皮纵裂。单叶互生，长披针形或椭圆形，先端渐尖，具短柄，叶长 5～10cm，宽 2～4cm，纸质，正面绿色，背面黄绿色，叶脉正面下凹，背面凸起，叶全缘。花单朵或数朵簇生于叶腋，花冠成高脚碟状，有浅裂；花冠直径 4～7cm，花萼呈筒状，雄蕊和雌蕊座落在花冠中心的小孔内，花冠五裂，花含苞待放时深紫色，初开时蓝紫色，以后渐成淡雪青色，最后变成白色，单花可开放 3～5 天，花香。

◆ **季相变化及物候**：花期 4 ～ 10 月。

◆ **产地及分布**：鸳鸯茉莉原产于非洲热带，各州热带及南亚热带引种栽培。

◆ **生态习性**：喜光，稍耐荫蔽，喜排水良好的湿润土壤；性喜温暖、湿润的气候条件，其耐寒性不强，生长适温 18 ～ 30℃，耐干旱，不耐涝，不耐瘠薄，喜肥沃疏松、排水良好的酸性土壤。

◆ **园林用途**：可孤植，群植，片植或作花带，花镜，自然式绿篱，可应用于庭院、单位、小区、公园绿地等。

◆ **观赏特性**：花紫色、浅紫色，最后为白色，花色花形高雅清纯，多种花色同放一株，浓淡相宜。

◆ **繁殖方法**：扦插或压条繁殖。1、扦插繁殖：雨季用当年生的枝条进行嫩枝扦插，或于早春用二年生枝条进行老枝扦插。基质以河砂、泥炭为宜。利用花后修剪下的粗壮枝条，剪截成 12 ～ 15cm 长的枝段进行扦插，扦插环境温度要在 20 ～ 30℃，遮阴保湿。植物生长调节剂浸泡插条可提高生根率。2、压条繁殖：选取健壮的枝条，从顶梢以下大约 15 ～ 30cm 处把树皮剥掉一圈，剥后的伤口宽度约 1cm，包鸡蛋大小的湿润土球，剪取塑料薄膜紧密包扎土球，薄膜的上下两端扎紧。生根后及时剪下枝条栽植，遮阴保湿。

树番茄

Cyphomandra betacea Sendt.

茄科（*Solanaceae*）树番茄属（*Cyphomandra*）

▶ 识别特征

灌木或小乔木。叶卵状心形，顶端短渐尖或急尖，基部偏斜，有深弯缺，弯缺的 2 角通常靠合或心形，全缘或微波状；叶面深绿，叶背淡绿，生短柔毛，侧脉每边 5 ～ 7 条；叶柄生短柔毛。2 ～ 3 歧分枝蝎尾式聚伞花序，近腋生或腋外生，花粉红色；花冠辐状，深 5 裂。果梗粗壮；果实卵状，多汁液，光滑，橘红色或紫红色。

◆**季相变化及物候**：花期2～5月，果期9～12月。

◆**产地及分布**：原产南美洲秘鲁，现在世界热带和亚热带地区有引种。我国云南和西藏南部有栽培。

◆**生态习性**：要求充足光照，喜肥沃、排水良好而土层深厚的砂质土壤，不耐寒。

◆**园林用途**：可作绿篱列植、孤植或3～5株丛植于庭院、公园、花坛内作为观赏树。

◆**观赏特性**：枝繁叶茂，花果多而鲜艳，自春末夏初开花至冬季，花果不断，鲜红多汁，不仅是美味的蔬菜，还是观叶、观花、观果的园林观赏植物。

◆**繁殖方法**：播种繁殖。播种前将种子用清水浸泡24～48h，或加"多菌灵"浸泡，起到种子消毒，打破种子休眠和提高发芽率的效果。浸泡后催芽2～3天、当80%的种子露白时即可播种，苗床地选水肥条件好的地块，苗床宽1m，长4～6m左右。把苗床翻耕、打细、压实后即可播种，播后盖0.5～1.0cm厚的细土或粪、锯木糠等覆盖物，浇透水后，用塑料薄膜盖住苗床，出苗后应及时通风降温、以防高温烧苗，并要适情浇水，待苗有2、3片完全叶展开时即可进行间苗。

◆**种植技术**：当苗高25cm以上时即可移栽，移栽要求充足光照，喜肥沃、排水良好而土层深厚的砂质土壤为宜，种植前先整地，翻土，移栽时最好地面湿润，提高成活率，促使苗木迅速生根发叶，快速生长。当树番茄长高到60cm时应及时摘除主茎茎尖，种植后应适时进行整枝打杈、适当疏松；春初，在树周挖一环沟、在沟内重施农家肥。同时注意浇水。

大花茄

Solanum wrightii Benth.

茄科（*Solanaceae*）茄属（*Solanum*）

识别特征

　　常绿灌木，高约6m。小枝及叶柄具刚毛及星状分枝的硬毛或刚毛以及粗而直的皮刺。大叶片长约30cm，宽约15～20cm，常羽状半裂，裂片为不规则的卵形或披针形，上面粗糙，具刚刚毛状的单毛，下面被粗糙的星状毛。花大，紫色、白色或浅紫色，二歧侧生聚伞花序；花梗长约1.2cm，密被刚毛，萼长1.5～1.7cm，密被刚毛，5深裂，裂片披针形，具有长钻状的尖；花冠直径约6.5cm，宽5裂，每个裂片外面中部披针形部分被毛，内面中间部分宽而光滑；花药长约1.5cm，向上渐狭而微弯。

◆**季相变化及物候**：花期几乎全年，盛花期5～10月。

◆**产地及分布**：原产南美州，现热带、亚热带地区广泛栽培。我国滇南有栽培。

◆**生态习性**：喜光，喜温暖湿润、排水良好的土壤。

◆**园林用途**：宜应用于公园绿地、庭院、单位、小区等，可孤植、丛植、群植或作灌木花带，适于坡地、池边、岩石旁及林缘下栽培观赏，也适合大型盆栽；花枝可用于插花。

◆**观赏特性**：花期长，花大，花形美观，花色有浅紫色、紫色、白色，同枝怒放，枝叶扶疏，浓淡相宜。

◆**繁殖方法**：播种或嫁接繁殖。1、播种繁殖：4月播种，基质不择，园土或腐植土均可，平整苗床后撒播，覆土以不见种子为度，遮阴保持土壤湿润，出苗后增加光照。2、嫁接繁殖：可根据造型需要嫁接，在春季选取树高5～10m的大花茄植株，选择适当的枝干作为砧木，截掉多余枝干；砧木修剪平整，选择半木质化的枝条作接穗，穗长5～10cm，采用切接法，将两侧的形成层对齐，用塑料条带将切口绑紧，一月后成活，当年可开花结果。

◆**种植技术**：尚未见报道。

黄钟花

Tecoma stans （L.） Secm

紫葳科（*Bignoniaceae*）黄钟花属（*Stenolobium*）

识别特征

　　常绿直立灌木。奇数羽状复叶，对生，小叶 3～7 枚，椭圆状披针形，顶端长渐尖，基部楔形，缘有锯齿，上面光滑无毛，下面被极细的柔毛，长 4～10cm，宽 1～4cm，边缘被粗锯齿；侧生小叶近无柄，顶生小叶叶柄长约 1cm，叶轴长 3～10cm。总状花序顶生；花冠漏斗状钟形，先端 5 浅裂，鲜黄色，花萼钟形，长约 5mm，萼齿 5；花冠漏斗状钟形，长 4～5cm，基部收缩呈细管，近基部一侧膨大，花冠裂片 5，开展，边缘波状；雄蕊 4，2 强，子房圆柱形，花柱丝状，柱头 2 裂，舌状扁平，雄蕊及花柱内藏。蒴果长圆柱形，下垂，成熟时带褐色，开裂，种子扁平，有翅。

◆ **季相变化及物候**：花期 9 ~ 12 月，果期 11 ~翌年 2 月。

◆ **产地及分布**：原产美洲，我国云南西双版纳、德宏等地引种栽培供观赏。越南，泰国及其他热带国家常见栽培。

◆ **生态习性**：阳性植物。性喜高温、湿润、向阳的环境，生长适宜温度 23 ~ 32℃，耐热、耐旱、耐湿、不耐寒。栽培土质以排水良好，富含有机质的砂质壤土为佳。

◆ **园林用途**：适于公园绿地、道路、单位、小区、庭院做孤植、丛植、群植、花镜等。

◆ **观赏特性**：纯黄色花簇生枝顶，尽显华贵靓丽，花期长，观赏价值高。

◆ **繁殖方法**：播种或扦插繁殖，春、秋季为适期。具体尚未见报道。

◆ **种植技术**：栽培基质以壤土或砂壤土为佳。植株定植前施农家肥作基肥，可促进开花，定植成活后每个月施用三要氮、磷、钾追肥 1 次，水分供给宜充足，每次花谢后将上部枝条剪除，再少量补给肥料，可抽新枝开花，生育适温约 22 ~ 30℃。

硬骨凌霄（洋凌霄、竹林标、四季凌霄）

Tecomaria capensis（Thunb.）Spach

紫葳科（*Bignoniaceae*）硬骨凌霄属（*Tecomaria*）

◆ **识别特征**

　　常绿灌木，高可达2.5m。枝绿褐色，常有小瘤状突起。叶对生，奇数羽状复叶，小叶5～9枚，卵圆形，长1～3cm，宽1～2cm，顶端短渐尖，基部阔楔形，两面光滑无毛，边缘上半部具圆钝齿；侧生小叶近无柄，顶端小叶叶柄长不到1cm，叶轴长约5cm。花金黄色、橙红色、红色，顶生总状花序，小花柄长约1cm；花萼钟形，5齿，花冠长漏斗状，二唇形，微弯，上唇直立，顶端微缺，下唇3裂，开裂；4强雄蕊，花丝丝状，花药个字形着生；子房上位，2室，花柱丝状，柱头微舌状扁平，2裂；雄蕊及花柱明显伸出花冠管外。蒴果扁线形，多不结实。

◆ **季相变化及物候：** 全年可见花，夏、秋季盛开。

◆ **产地及分布：** 非洲东南部热带至亚热带地区；我国华南及西南地区云南及广州栽培供观赏。

◆ **生态习性：** 阳性植物。喜全日照，也耐半阴，但在荫蔽处开花不良。喜高温、湿润气候条件，不耐寒，生长适宜温度22～30℃，较耐干旱，喜排水良好、肥沃疏松的土壤。

◆ **园林用途：** 适于公园绿地、单位、小区、工厂、庭院等应用，庭院孤植、做绿篱、大型盆栽均可；也常用于路边、山石边、水边绿化或坡地做地被植物；丛植、群植、花镜栽植均可。

◆ **观赏特性：** 终年常绿，植细叶茂，花期长，花色红、橙、黄，颜色丰富、艳丽，是美丽的观花灌木。

◆**繁殖方法**：扦插或压条繁殖。1、扦插繁殖：扦插繁殖容易生根，雨季进行，选粗壮的 1 ～ 2 年生枝，剪成约 15cm 长，插入素红土或泥炭 2/5 长度，遮阴保湿，约 20 天可生根。2、压条繁殖：4 ～ 5 月份进行，从节处刻伤就近压入土中，浇水，保持土壤湿润，约 30 ～ 60 天生根，生根后 30 天剪离母株，掘出移栽。

◆**种植技术**：栽培基质质以湿润、疏松、肥沃而排水良好的腐殖土或砂质壤土为佳。春季至秋季施肥每两个月施肥 1 次。每年早春或花后修剪整枝，剪除细弱、干枯、过密、交叉重叠枝，枝条老化的进行重剪复壮，促其萌发新枝再开花。可用 0.3% 的磷酸二氢钾进行叶面喷洒，促进花多，色艳。

红虾衣花（虾衣花）

Calliaspidia guttata （Brandegee） Bremek.

爵床科（*Acanthaceae*）麒麟吐珠属（*Calliaspidia*）

识别特征

　　常绿亚灌木，全体具毛。嫩茎节基红紫色。叶卵形，顶端具短尖，基部楔形，全缘。穗状花序紧密，稍弯垂，长 6 ～ 9cm，下垂，具棕色、红色、黄绿色、黄色的宿存苞片；花白色，伸向苞片外，花分上下二唇形，上唇全缘或稍裂，下唇浅裂，上有 3 行紫斑花纹。

◆**季相变化及物候**：常年开花不断，果期全年。

◆**产地及分布**：原产墨西哥，世界各地均有栽培。

◆**生态习性**：喜阳光，也较耐阴，忌暴晒，喜温暖，湿润环境，较耐旱、喜疏松、肥沃及排水良好的中性及微酸性土壤。

◆**园林用途**：适宜作花坛布置、花境或制作盆景。也可植于庭院的路边、墙垣边观赏。

◆**观赏特性**：常年开花，苞片宿存，重叠成串，似龙虾，十分奇特有趣。

◆**繁殖方法**：播种、扦插或压条繁殖。1、播种繁殖：选当年采收的种子发芽率高，用温热水浸泡种子12～24h，直到种子吸水膨胀。2、扦插繁殖：全年均可，一般在6月盛花期后，结合整形修剪，选取当年生健壮枝条作插穗，去掉最下一节叶片，插入素砂、蛭石等松散的基质中。保温保湿，遮阴，即可生根，及时分栽，翌年即可开花。

◆**种植技术**：宜选择富含腐殖质的砂质壤土，温暖、湿润、光照充足的地方种植。要经常保持土壤湿润，生长季经常浇水，并且每隔10～15天施一次有机液肥，并合理增施磷、钾肥，以控制植株徒长，并每周叶面追喷磷酸二氢钾一次。8月中旬开始降低浇水量。5～9月，可每周施肥一次。生长期应随时摘心、修剪，促使多分枝，并辅以多效唑或矮壮素等药剂，防止徒长，控制节间高度，以促使株型紧凑饱满，秋后开花繁密。花凋谢后应少浇水，使之安全越冬，同时剪除老枝，以促使其继续萌发新枝再开花。

假连翘（番仔刺、洋刺、花墙刺）

Duranta repens L.

马鞭草科（Verbenaceae）假连翘属（Duranta）

- **识别特征** -

　　常绿灌木，枝条有皮刺。叶对生，少有轮生，叶片卵状椭圆形或卵状披针形，纸质，顶端短尖或钝，基部楔形，全缘或中部以上有锯齿，有柔毛；叶柄有柔毛。总状花序顶生或腋生，常排成圆锥状；花萼管状，有毛，5裂，有5棱；花冠蓝紫色，稍不整齐，5裂，裂片平展，内外有微毛。核果球形，熟时红黄色，有增大宿存花萼包围。

◆ **季相变化及物候**：花果期 5 ～ 10 月，在南方可为全年。

◆ **产地及分布**：原产热带美洲，栽培或有时逸生。我国滇南栽培广泛，普洱、勐海、勐腊、芒市均有分布。

◆ **生态习性**：性喜温暖、阳光充足、凉爽通风的环境。稍耐阴，耐寒性差，越冬温度须在 5℃以上。萌发力强，耐修剪，生长快，生长适温 18 ～ 28℃。天气暖和可终年开花。

◆ **园林用途**：可作花篱、花丛、花镜、花坛栽植于宅旁、亭阶、墙隅、篱下或路边、溪边、池畔，在绿化、美化城市方面应用广泛，既是观光农业和现代园林难得的优良树种，又是一种很好的绿篱植物。

◆ **观赏特性**：树姿优美、生长旺盛；早春先叶开花，且花期长、花量多，盛开时满枝金黄，芬芳四溢，令人赏心悦目；总状果序，悬挂梢头，橘红色或金黄色，有光泽，如串串金粒，经久不脱落，极为艳丽，为重要观花、观果植物。

◆ **繁殖方法**：播种或扦插繁殖。1、播种繁殖：种子采后湿水堆沤约 1 周，待果皮变黑，呈腐烂状时，装入筐内置水中搓擦，种子取出稍晾干后即可供播种。忌失水，不能日晒或长期裸露存放。种子随采随播，发芽时气温需在 20℃以上，一般播后 10 天左右可发芽，发芽率约 50%。实生苗一般需培育 2 年出圃。2、扦插繁殖：于春末夏初进行，选用 1 ～ 2 年生嫩枝，截成每 15cm 长一段，插入湿砂床内，约经 1 个月可发根，1 个半月左右可入圃培育，翌年或第三年可出圃。

◆ **种植技术**：种植前整地，挖宽 30cm，深 30cm，长根据绿篱长度而定的种植带，在平整过的绿篱地带上，每平方米施 5kg 优质腐熟有机肥，并与疏松表土混匀。按 10cm×30cm 的株行距，直接扦插在整好的绿篱带上，入土深度为穗长的三分之一。每天早晚各淋水一次，保持土壤湿润而不积水。适时中耕除草。用于曲枝造形的，宜在幼苗第二年时，即开始进行。

冬红

Holmskioldia sanguinea Retz.

马鞭草科（*Verbenaceae*）冬红属（*Holmskioldia*）

识别特征

　　常绿灌木。小枝四棱形，具四槽，被毛。叶对生，膜质，卵形或宽卵形，基部圆形或近平截，叶缘有锯齿，两面均有稀疏毛及腺点，但沿叶脉具毛较密；叶柄长1～2cm，具毛及腺点，有沟槽。聚伞花序常2～6个再组成圆锥状，每聚伞花序有3花；花萼殊红色或橙红色，由基部向上扩张成一阔倒圆锥形的碟，直径可达2cm；花冠殊红色，花冠管长2～2.5cm，有腺点。果实倒卵形，包藏于宿存、扩大的花萼内。

◆ **季相变化及物候：**花期冬、春季。

◆ **产地及分布：**原产喜马拉雅。现我国广东、广西、台湾等地有栽培。

◆ **生态习性：**喜光，喜温热及排水良好的环境。

◆ **园林用途：**可修剪成球状，适于公园绿地、庭院、道路等栽培，也可引于花架或墙壁上。亚热带、温带地区可作温室盆栽。

◆ **观赏特性：**冬红花顶生，花萼伞形，花冠喇叭形，橙红色，盛开时极为艳丽夺目。冬季万物凋零时恰为盛花期，绚丽的红色花朵非常繁盛。

◆**繁殖方法**：播种或扦插繁殖。1、播种繁殖：在排水良好的肥沃壤土进行播种。2、扦插繁殖：选择当年生健壮带叶插条。插穗剪成长 15 ～ 20cm，保留 2 个芽；2 片叶片各保留 1/3，插条上切口平切，下切口剪成 45°斜角。将剪好插条的下芽浸泡在 200×（10 ～ 6）的 ABT2 号生根粉溶液中 3h。将浸泡后的插条插入砂床中，深 7 ～ 10cm，株距 3 ～ 5cm，行距 10 ～ 15cm。插后随即喷水湿透砂床，以后保持砂床适宜的湿润。经过上述方法处理过的当年生带叶冬红插条，秋季扦插，插后 11 天开始发芽，25 天左右发芽率达 100%；20 天开始生根，3 个月后新梢长约 13.7 ～ 18cm，可出圃移栽。

◆**种植技术**：选择光照较好、排水较好的壤土或砂壤土为种植地。种植前先整地，将育苗地上的杂草全部清除，然后挖定植穴。日照充足，温、湿适宜的地方植株生长快。种植后淋足定根水，经常保持土壤湿润，旱期及时浇水，雨季要开沟排水，以免积水烂根。苗木生长稳定，即可施肥，可根据实际情况不定期进行清除杂草工作，注意及时修剪整形。

马缨丹（五色梅）

Lantana camara L.

马鞭草科（*Verbenaceae*）马缨丹属（*Lantana*）

识别特征

常绿的直立或蔓性灌木。茎枝均呈四方形，有短柔毛，通常有短而倒钩状刺。单叶对生，揉后有强烈的气味，叶片卵形至卵状长圆形，长 3～8.5cm，宽 1.5～5cm，顶端急尖或渐尖，基部心形或楔形，边缘有钝齿，表面有粗糙的皱纹和短柔毛，背面有小刚毛，侧脉约 5 对；叶柄长约 1cm。花序直径 1.5～2.5cm；花序梗粗壮，长于叶柄；花冠黄色或橙黄色，开花后不久转为深红色，花冠管长约 1cm。果圆球形，直径约 4mm，成熟时紫黑色。

◆**季相变化及物候**：全年开花。

◆**产地及分布**：原产美洲热带地区，现在我国云南、台湾、福建、广东、广西见有逸生。世界热带地区均有分布。

◆**生态习性**：阳性植物。性喜温暖、湿润、阳光充足的环境，喜光，耐干旱，不耐寒，适宜生长温度 20～25℃，冬季越冬温度应不低于 5℃，在疏松、肥沃、排水良好的砂壤土上生长较好。耐修剪，中国长江以北多作盆栽。

◆**园林用途**：华南地区可植于公园绿地、庭院中做花篱、花丛，也可于道路两侧、旷野形成绿化覆盖植被。盆栽可置于门前、居室等处观赏，也可组成花坛。

◆**观赏特性**：花色美丽，观花期长，绿树繁花，终年艳丽。

◆**繁殖方法**：播种、扦插或压条繁殖。果熟后采摘堆沤，浸水搓洗去果肉，置于疏荫下养护并经常喷水。1个月左右即生根，并发新枝。植株分枝极多，生根能力强，接触土即生根，可将柔性枝条刻伤并压入土中，待根系生长后即断根分株。

◆**种植技术**：选用土层深厚、肥沃、疏松的砂质壤土，种植前先整地，将育苗地上的杂灌木和草全部清除，对种植地块土壤进行翻耕，种植前需施足基肥，定植后覆土，浇足定根水，生长旺期（5～10月），每隔10天需施1次稀薄腐熟施肥，花后及时施肥，促开花不断。对成形的植株要经常修剪除去弱枝和病枝，并适当进行短截，花后应及时摘去残花。生长期要给予充足的光照，保持土壤的湿润；开花期尤其不能使土壤太干燥。

岩棕（剑叶龙血树）

Dracaena ensifolia Wall.

百合科（*Liliaceae*）**龙血树属**（*Dracaena*）

识别特征

常绿灌木或小乔木状，高可达6m。茎不分枝或少分枝，树皮灰褐色，有叶痕形成的环。叶聚生于茎、枝先端，剑形，革质，无明显主脉，长60～100cm，宽5～8cm，向基部略变窄而后扩大，抱茎，无柄。大型圆锥花序腋生，基径约3cm，分枝很多，长1～1.5m，花序轴无毛或近无毛，花淡黄绿色，3～5簇生；花梗长3～6mm，关节位于上部1/3处；花被片长6～7mm，下部约1/5～1/4合生成短筒；花丝扁平；花药长约1.2mm；花柱略短于子房。浆果球形，直径约10mm。

◆**季相变化及物候**：花期 3 ～ 4 月或 8 ～ 9 月，果期 7 ～ 8 月或 11 ～ 12 月。

◆**产地及分布**：产我国云南普洱、勐腊、孟连、镇康等地，石灰岩山石缝中常成群生长为优势种，是耐旱嗜钙树种，广东、海南也产，越南、柬埔寨也有分布。

◆**生态习性**：喜光、喜钙，耐干热、耐贫瘠，不择土壤，但喜中性至微酸性土壤。

◆**园林用途**：可孤植或群植于公园绿地、庭院、道路，尤其适于岩石园造景；也可置于酒店、厅堂、客房、办公场所及公共建筑室内可增加室内绿色和雅趣。

◆**观赏特性**：叶长似剑，密生于枝顶，花期每个花序上绽放数百多花朵，与绿叶相映衬，分外高雅美丽。其树势苍劲古朴、格调文雅清新，枝繁叶茂、树影婆娑、情趣盎然、树皮嶙峋、绿叶葱郁、姿态优美。

◆**繁殖方法**：播种或扦插繁殖。1、播种繁殖：新鲜种子不耐干藏，宜随采随播，按常规小粒种子播种。2、扦插繁殖：剪取带顶芽的 1 ～ 2 年生枝条扦插于素土，多年生枝条扦插经生根粉处理后扦插，成活率也可达 80% 以上。宜在 2 ～ 5 月扦插。

◆**种植技术**：栽培地选择土层深厚肥沃，透水透气性好的砂壤土或轻壤土，种植时株距为 0.5m，行距为 1.0m。培育小苗采取密植，第 2 年进行疏减，疏减挖出的植株按株距 2.0m 行距 2.0m 在新地块上种植。种植季节选择在雨季为宜，挖 40cm 深的种植沟。基肥施过磷酸钙 800kg/hm^2、尿素 700kg/hm^2、氯化钾 250kg/hm^2 沟施，回土 30cm。在晴天的下午种植或阴天全天种植，种植后需人工浇定根水。

柬埔寨龙血树（小花龙血树）

Dracaena cochinchinensis （Lour.） S.C.Chen

百合科（*Liliaceae*）龙血树属（*Dracaena*）

识别特征

常绿灌木，茎干多分枝。叶簇生于分枝的顶部，无柄，线状披针形，长30～50cm、宽1.2～4cm，顶端长渐尖、具锐尖头，基部抱茎，中脉不明显。圆锥花序顶生，长达2m，多分枝，花浅黄色，长约8mm，3～10朵簇生于花序分枝的每一节上，花梗长2～4mm。果圆球形，具1颗种子。

◆ **季相变化及物候**：花期5～7月，果期8～9月。

◆ **产地及分布**：以东南亚的柬埔寨、老挝、越南等国为主要产地；我国主要分布在云南、广西两省，在云南主要分布于普洱市、西双版纳、临沧等地，孟连有我国最大的天然群落。

◆ **生态习性**：喜光、喜钙，耐干热、耐贫瘠，不择土壤；在海拔900～1200m的石灰石山阳坡上生长较好，且几乎都生长在石灰岩山坡阳坡或坡脊石缝间。

◆ **园林用途**：可孤植或群植于公园绿地、庭院、道路等各类绿地；置于酒店、厅堂、客房、办公场所及公共建筑室内可增加室内绿色和雅趣。

◆ **观赏特性**：叶密生于枝顶，花期每个花序上绽放数百多花朵，与绿叶相映衬，分外高雅美丽。其树势苍劲古朴、格调文雅清新、枝繁叶茂、树影婆娑、情趣盎然、姿态优美。

◆**繁殖方法**：播种或扦插繁殖，也可直接移栽野生龙血树下的幼苗育苗。1、播种繁殖：新鲜种子不耐干藏，宜随采随播。2、扦插繁殖：选取带顶芽的 1～2 年生枝条扦插于素土；选取多年生枝条经生根粉处理后扦插。遮阴保湿或雨季扦插。

◆**种植技术**：选择土层深厚肥沃，透水透气性好的砂壤土或轻壤土，苗圃地最好选择在地势平坦排水良好处。种植时株距为 0.5m，行距为 1.0m。采取先密后疏的方式种植，进行 2 次疏减，每次疏减挖出的植株按株距 2.0m 行距 2.0m 在新地块上种植。种植季节选择雨季为佳，按设计好的行距开 40cm 深的种植沟。基肥用磷酸钙、尿素、氯化钾、辛硫磷，混匀后沟施，回土 30cm。在晴天的下午种植或阴天全天种植，种植后需人工浇定根水。

龟背竹（电线兰、蓬莱蕉）

Monstera deliciosa Liebm.

天南星科（*Araceae*）龟背竹属（*Monstera*）

识别特征

常绿藤本状灌木。园林中常用做灌木栽培，茎粗壮，气生根可长达 1 ～ 2m，细柱状，褐色。幼小嫩叶心形，无孔，大叶呈羽状深裂，长 40 ～ 100cm，叶脉间有孔洞，革质，下垂，叶柄具鞘。花佛焰苞卵状、舟形，先端具喙，长可达 30cm，淡黄色；肉穗花序长约 20 ～ 25cm，乳白色。浆果球形，浅黄色。

◆ **季相变化及物候期**：全年观叶，花期 8 ～ 9 月。

◆ **产地及分布**：原产墨西哥，生长于热带雨林中。我国福建、广东、云南等地可露地栽培。

◆ **生态习性**：喜温暖、湿润、半蔽荫环境；忌夏季阳光直晒，生长适温为 22 ～ 26℃，空气湿度以 60% ～ 70% 为宜，要求湿润肥沃壤土。

◆ **园林用途**：露地栽培可吸附墙壁、棚架生长，形成垂直绿化景观。也常栽植于庭院中，或敞植于公园池旁、溪边、山石旁和石隙中。

◆ **观赏特性**：龟背竹气生根伸延似电线，叶片形态因株龄而变化，佛焰苞大如灯罩，成熟时浆果味似菠萝。株态具有豪迈、开拓、自由的气质，在园林中具有极高的观赏价值。

◆**繁殖方法**：播种、扦插、分株或压条等方法繁殖。扦插繁殖：春夏季均可采用茎节扦插，以春季4～5月和秋季9～10月扦插效果最好。插条选取生长健壮的当年生侧枝，插条长5～6cm，大约2、3个节。如插穗是茎节可将叶片全部剪掉，如果是嫩梢可剪去基部的叶片，保留短的气生根。插床用粗砂、泥炭、腐叶土等和黄泥混合。插后温度在25～27℃，25～30天生根，50～60天长出新芽。为加速幼苗生长，加强肥水管理，可用3%～5%的稀薄人粪尿浇苗

苗根周围，每隔10～15天施1次，施后应往叶面洒水以免灼伤叶片。压条一般在5～8月份进行，生长期间将前一年茎节生出的气生根插入水瓶中或埋入盆土中，1个月左右可生出许多须根。待根长至2cm时，再用利刀将龟背竹下部茎节切断，将切下的茎段带气生根栽植即可。

◆**种植技术**：喜肥沃栽培土，应以腐质土或泥炭与砂壤土等量配置做栽培基质。自春至秋生长旺盛期宜每2周追肥1次稀薄液肥，冬季应适当停肥，控水。适宜生长温度20～25℃，空气湿度60%～70%，在干燥环境中，应每日定时向叶面喷水2、3次，对低温和干燥有较强的耐受性，能耐短时间5℃的低温，但对植株生长不利。

巴西木（巴西铁树、香龙血树、水木）

Dracaena fragrans Ker.-Gawl

龙舌兰科（*Agavaceae*）龙血树属（*Dracaena*）

识别特征

常绿灌木，株高可达2～4m。茎不分枝，皮灰色，有明显的环状叶痕。叶多聚生于干顶，原种叶片为绿色，变种叶具黄色条纹；叶革质，簇生茎顶，叶片挺拔，长条形，长30～40cm，宽5～10cm，具光泽。圆锥花序顶生，花较小，淡紫色，芳香；花梗有苞片，花被片长3cm，下部合生为花被管。浆果球形，橘黄色，有种子1粒。

◆**季相变化及物候**：花期春夏季。

◆**产地及分布**：原产西非的尼日利亚、几内亚、埃塞俄比亚等国；我国各地广泛栽培。

◆**生态习性**：中性植物，也耐荫。喜高温多湿、通风良好的环境，生长适温20～31℃，冬季最低温度不低于8～10℃，不耐寒，温度低于5℃发生冷害。对光照要求不高，耐阴性强，但光照充足，叶色更鲜美；忌干燥，喜肥沃疏松砂质壤土。

◆**园林用途**：适宜庭院、道路、公园绿地、单位、小区、工厂、风景区等地应用，孤植、丛植、群植观赏皆宜。

◆**观赏特性**：植株不分枝，叶簇生枝顶，带状叶从树干顶端放射状缓缓散开下垂，潇洒飘逸，格调高雅、质朴，整个植株像一把绿伞，别有情趣。

◆**繁殖方法**：扦插繁殖。全年可于净河砂、泥炭或煤渣等基质中，取5～10cm一段，插入土，2/5，插后经常喷水，保持插床较高的湿度，生根容易。也可水插：取5～10cm一段作为插条，插入水中2～4cm。每隔3～4天换一次水。温度在21～24℃最适于插条生根发芽，其中以枝最上部的插穗生根较快。

◆**种植技术**：宜选肥沃、疏松的土壤。栽植后4～8月，每月施1次含氮、磷、钾稀薄液肥，不宜偏施氮肥，以免植株徒长，叶片褪色。浇水宜见干见湿，避免干透或积水。空气干燥时，向植株喷水。浇水不规则，或养分供应不足，或施肥过量，均易引起叶尖枯焦。

142

短穗鱼尾葵（酒椰子、尾槿棕）

Caryota mitis Lour.

棕榈科（*Palmae*）鱼尾葵属（*Caryota*）

> **识别特征**
>
> 　　丛生灌木，干竹节状，在环状托叶痕上常有休眠芽。二回羽状复叶，叶长 3～4m，下部羽片小于上部羽片，羽片形状如鱼尾；叶鞘抱茎。佛焰苞与花序被糠秕状鳞秕，花序稠密而短，长 25～40cm，具密集穗状的分枝花序。果球形，成熟时紫红色。

◆**季相变化及物候**：花期 4～6 月，果期 8～11 月。

◆**产地及分布**：我国产云南热区、海南、广西等地。越南、缅甸、印度、马来西亚、菲律宾、印度尼西亚（爪哇）等地也有分布。

◆**生态习性**：耐阴，直射光和半荫下均生长良好。喜温暖湿润气候，具有较强的耐寒力，生长适宜温度为 18～30℃；生长迅速，对土壤要求不严，以肥沃湿润土壤为宜。

◆**园林用途**：是优美的庭院、公园观赏树种，也可作防护林树种；宜孤植、散植或丛植于庭院的粉墙边或公园、居住区中，列植于公路旁，或作树篱。

◆ **观赏特性**：树形丰满，且富层次感，叶片翠绿，花色鲜黄，果实如圆珠成串，具有较高体现热带风光。

◆ **繁殖方法**：播种或分株繁殖。1、播种繁殖：一般于春季将种子播于透水性好的基质中，需 25℃ 左右温度，遮阴 30%，保持土壤湿润和较高的空气湿度，2～3 个月出苗。2、分株繁殖：多年生的植株分蘖较多，当植株生长茂密时可分切种植，但分切的植株往往生长较慢，且不宜产生蘖芽，所以一般少用分株繁殖。

◆ **种植技术**：宜选择土壤肥沃湿润，排水良好的地块种植。短穗鱼尾葵生长势较强，根系发达，对土壤条件要求不严。3～10 月为其主要生长期，一般每月施液肥或复合肥 1、2 次，以促进植株旺盛生长；平时保持土壤湿润，干燥气候条件下应向叶面喷水，以保证叶面浓绿且有光泽；浇水时要掌握间干间湿原则，切忌土壤积水，以免引起烂根或影响植株生长。短穗鱼尾葵在高温高湿及通风不良条件下极易感染霜霉病，叶片变成黑褐色影响观赏价值，高温干燥易发生介壳虫。对于下部过密枝、交叉枝应疏除，以保持通风透光。每次施肥前都要进行疏土，利于土壤透气，促进根系生长。

散尾葵（黄椰子）

Chrysalidocarpus lutescens H. Wendl.

棕榈科（*Palmae*）散尾葵属（*Chrysalidocarpus*）

识别特征

常绿丛生灌木，基部略膨大。叶羽状全裂，平展而稍下弯，长约 1.5m，羽片 40～60 对，2 列，黄绿色，表面有蜡质白粉，裂片条状披针形，长 35～50cm，宽 1.2～2cm，先端长尾状渐尖并具不等长的短 2 裂，顶端的羽片渐短，长约 10cm；叶鞘圆筒形，包茎。肉穗圆锥花序生于叶鞘之下，长约 0.8m，具 2、3 次分枝，分枝花序长 20～30cm；花小，卵球形，金黄色。果实略为陀螺形或倒卵形，鲜时土黄色，干时紫黑色。

◆ **季相变化及物候**：花期 4～5 月，果期 8～10 月。

◆ **产地及分布**：原产马达加斯加。我国福建台湾、广东、海南、广西、云南等地均有栽培。

◆ **生态习性**：喜高暖湿润、半阴且通风良好的环境，耐荫性强；耐寒性差，气温 20℃ 以下叶子发黄，越冬最低温度需在 10℃ 以上，5℃ 左右就会冻死。苗期生长缓慢，以后生长迅速。适宜疏松、排水良好、肥沃的土壤中生长。

◆**园林用途**：是热带著名的观叶植物，可在公园绿地、庭院、道路等应用；宜丛植或散植于园路旁、草坪、树荫下，也宜作盆栽。

◆**观赏特性**：枝叶细长而略下垂、色亮柔美，四季常青，株形婆娑，有较高观赏价值。

◆**繁殖方法**：以分株繁殖为主。一年四季均可，雨季进行为佳，选基部分蘖多的植株，利刀从基部连接处将其分割成数丛在伤口处需涂上草木灰或硫磺粉进行消毒。每丛2、3株，并保留好根系；初定植的植株，应避免强光长时间照射，适量浇水，每日数次向叶面喷水，保持叶部湿润，于20～25℃温度下养护，可较快恢复成型。

◆**种植技术**：宜选择土壤疏松、排水良好、肥沃的地块种植。移栽时，先挖好种植穴，在种植穴底部施有机肥料作为底肥，厚度约为4～6cm，再覆上一层土。放入苗木后，回填土壤，把根系覆盖住，并用脚把土壤踩实，浇一次透水。春夏两季根据干旱情况，施用2～4次肥水，先在根颈部以外30～100分开一圈小沟，沟宽、深都为20cm，沟内撒进10～15kg有机肥，或者100～200g颗粒复合肥，浇透水。入冬以后开春以前再施肥一次。冬季植株进入半休眠期，修剪瘦弱、病虫、枯死、过密等枝条。

江边刺葵

Phoenix roebelenii O. Brien

棕榈科（*Palmaceae*）刺葵属（*Phoenix*）

识别特征

常绿丛生灌木，栽培时常为单生。叶长1～2m，羽片线形，较柔软，长20～40cm，两面深绿色，背面沿叶脉被灰白色的糠秕状鳞秕，呈2列排列，下部羽片变成细长软刺。佛焰苞长30～50cm，仅上部裂成2瓣；雄花序与佛焰苞近等长，雌花序短于佛焰苞；分枝花序长而纤细，长达20cm。果实长圆形，长1.4～1.8cm，成熟时枣红色，果肉薄而有枣味。

◆ **季相变化及物候**：花期4～5月，果期6～9月。

◆ **产地及分布**：产我国云南中南部和西南部。常见于江岸边，海拔480～900m。广东、广西等省区有引种栽培。缅甸、越南、印度亦有分布。

◆ **生态习性**：喜光也耐阴，喜高温高湿的热带气候，耐旱也耐瘠，喜肥沃排水性好的轻壤土。

◆ **园林用途**：可作庭院观赏植物，亦可配置于建筑物前，水池旁，石山边。孤植、丛植、群植或与其他树种混植均可。

◆ **观赏特性**：树形优美，叶片亮绿色，形成优美的下垂曲线，为美丽的庭院观赏植物，是展示热带风情的代表植物之一。

◆ **繁殖方法**：播种或分蘖繁殖。播种繁殖：果实一般10～12月份成熟，采收以后可直接播于砂床或盆中，并保持土壤湿润，2～3个月后出苗，小苗生长速度较慢，可以在苗床上培育两年，等到苗长至4片叶左右在分床上盆或者上营养袋种植。整个生长期须在半阴环境下培养。

◆ **种植技术**：种植土壤宜选择河砂或珍珠岩掺入适量基肥，也可用细砂与园土混合。根据苗木的大小开挖种植穴，浇足水分，待渗完水时将苗木放入定植穴中，覆土。刚种植的江边刺葵

须适当遮阴 40% ～ 50%。保证水肥供给，缺水会引起基部叶片干枯，叶片发黄。待缓苗期结束后半个月施肥一次，并及时中耕除草，补充肥料，满足生长需要。

矮棕竹（细叶竹棕、棕榈竹、樱榈竹）

Rhapis humilis Bl.

棕榈科（*Palmaceae*）棕竹属（*Rhapis*）

识别特征

　　常绿丛生灌木，高 1 ～ 16m。茎圆柱形，有节，上部被紧密的网状纤维的叶鞘，纤维毛发状或丝状，淡褐色。叶掌状深裂，裂片 7 ～ 20 片，线形，长 15 ～ 25cm，宽 0.8 ～ 2cm，具 1 ～ 3 条肋脉，先端短 2、3 裂，稍渐尖；叶柄与叶片约等长，两面凸起，边缘平滑。花雌雄异株，雄花序长 25 ～ 30cm，具 3、4 个分枝花序，雄花在花蕾时为卵状长圆形，具顶尖，在成熟时花冠管伸长，在开花时为棍棒状长圆形，长 5 ～ 6mm，花萼杯状，深 3 裂，裂片半卵形，花冠 3 裂，裂片三角形，花丝粗，上部膨大具龙骨突起；雌花短而粗，长 4mm。果实为球形，直径约 7mm，宿存花冠为实心柱状体。种子球形，直径约 4.5mm。

◆**季相变化及物候**：花期 4 ～ 7 月，果期 10 月。

◆**产地及分布**：原产我国南部至西南部的云贵、广东、广西等地，各地常见栽培；日本也有分布。

◆**生态习性**：性喜温暖湿润、通风良好的半阴环境，为热带植物中耐寒性较强的树种，喜富含腐殖质、排水良好的微酸性壤土。

◆**园林用途**：树形优美，是庭院绿化的好材料，园林中丛植效果好，配置于庭院、廊隅均宜。也可盆栽用于室内厅堂、走廊和楼梯拐角布置，富有热带韵味。

◆ **观赏特性**：棕竹株型秀美挺拔，枝叶繁密，四季常绿，是观叶植物中的上品。

◆ **繁殖方法**：播种或分株繁殖。以分株繁殖较多，在早春用利刀将老株萌蘖多的株丛切成数丛，每丛最好要有4、5个萌蘖枝，切口涂以草木灰进行防腐，分别载入苗床或盆中，注意遮阴保湿。

◆ **种植技术**：棕竹种植场地可用腐叶土、园土、河砂等量混合配制作为种植土，种植时加适量基肥。旺盛生长期5～9月份每月施液肥1、2次；以湿润为宜，宁湿勿干，但不能积水否则容易烂根。秋冬季节适当减少浇水量。生长季忌烈日暴晒，否则叶片发黄，植株生长缓慢而低矮，一般遮阴约50%为宜。棕竹生长要求通风良好的环境，如通风不良易发生介壳虫。若少量发生，应及时人工刮除，同时注意通风透气，及时修剪枯枝败叶。

老人葵（丝葵、华盛顿椰子）

Washingtonia filifera（Lind. ex Andre）H. Wendl.

棕榈科（*Palmae*）丝葵属（*Washingtonia*）

---**识别特征**---

　　常绿大灌木。部分被覆许多下垂的枯叶，具密集的环状叶痕。叶大型，圆扇形，直径达1.8m，掌状中裂，50～80个裂片，每裂片先端又再分裂，在裂片之间及边缘具灰白色的丝状纤维，中央的裂片较宽，两侧的裂片较狭和较短而更深裂；叶柄约与叶片等长，下半部边缘具小钩刺，叶轴三棱形，戟突三角形，基部扩大成革质的鞘，近基部宽15cm，上面平扁，背面凸起。花序大型，弓状下垂，长达3.6m，花序多分枝。果实卵球形，亮黑色，顶端具刚毛状的宿存花柱。

◆ **季相变化及物候**：花期8～9月，果期翌年4～6月。

◆**产地及分布**：原产美国西南部的加利福尼亚、亚利桑那及墨西哥的下加利福尼亚；我国福建、台湾、广东及云南等地有引种栽培。

◆**生态习性**：喜温暖、湿润、向阳的环境，能耐阴；较耐寒，-5℃的短暂低温不会造成冻害；生长迅速，抗风抗旱力均很强；耐瘠薄，喜湿润、肥沃的粘性土壤，也能耐一定的水湿与咸潮，沿海地区生长良好。

◆**园林用途**：是热带、亚热带地区重要的绿化植物，可作行道树、庭荫树、园景树；宜孤植、散植或群植于庭院、公园、道路、广场、河滨等较宽阔地带，列于植于大型建筑物前及道路两旁。

◆**观赏特性**：树冠优美，叶大如扇，四季常青，干枯的叶子下垂覆盖于茎干似裙子，有人称之为"穿裙子树"；叶裂片间具有白色纤维丝，似老翁的白发，又名"老人葵"，奇特有趣。

◆**繁殖方法**：种子繁殖。用新鲜种子点播或穴播于砂壤土苗床，覆土厚度为种子高度的一倍半，保持土壤湿润。

◆**种植技术**：宜选择湿润、肥沃的粘性土壤地块种植。幼苗移植宜在雨季进行，移后需适当遮阴。新根长出后施肥，每株每次用量 100～200g，以氮：磷：钾为 2:1:1 的复合肥溶于水中后施于根际，不可直接施于新根上，生长季节每半月一次；同时进行叶面喷肥处理，0.5% 尿素或 0.3% 磷酸二氢钾或 0.2% 硝酸钾，喷至叶面滴水为度，一般在晴天下午 4 点左右进行，阴天可全天进行。空气干燥时，进行叶面喷水，浇水保持基质湿润。适当修剪枯叶、老叶、并注意通风，大树一般不宜修剪。

第三部分

落叶灌木

八仙花（绣球、紫绣球、粉团草、八仙绣球）

Hydrangea macrophylla（Thunb.）Ser.

虎耳草科（*Saxifragaceae*）绣球属（*Hydrangea*）

识别特征

落叶灌木。茎常于基部发出多数放射枝而形成一圆形灌丛。枝圆柱形，具少数长形皮孔。叶纸质或近革质，倒卵形或阔椭圆形，先端骤尖，具短尖头，基部钝圆或阔楔形，边缘于基部以上具粗齿，两面无毛或仅下面中脉两侧被稀疏卷曲短柔毛，脉腋间常具少许髯毛；侧脉6～8对，向上斜举或上部近边缘处微弯拱，上面平坦，下面微凸，小脉网状，两面明显；叶柄粗壮，无毛。伞房状聚伞花序近球形，具短的总花梗，分枝近等长，花密集。

◆**季相变化及物候**：花期6～8月，秋末落叶。

◆**产地及分布**：产我国山东、江苏、安徽、浙江、福建、河南、湖北、湖南、广东及其沿海岛屿、广西、四川、贵州、云南等省区野生或栽培。日本、朝鲜有分布。

◆**生态习性**：短日照植物，喜荫，喜温暖湿润的气候，不耐寒，喜肥沃、湿润而排水良好的酸性土，萌蘖力强，对二氧化硫等多种有毒气体抗性较强。我国南方庭院常见栽培观赏。

◆**园林用途**：宜配置于林缘或门庭及乔木下，可做花篱、花镜或盆栽。

◆**观赏特性**：八仙花初开为青白色，渐转粉红色，再转紫红色，花球形且大，因土壤酸碱性的不同其色或蓝或红，艳丽可爱。

◆**繁殖方法**：分株、压条、扦插或组培繁殖。1、分株繁殖：宜在早春萌芽前进行。将已生根的枝条与母株分离，浇水不宜过多，待萌发新芽后再转入正常养护。2、压条繁殖：在芽萌动时进行，翌年春季与母株切断，带土移植。3、扦插繁殖：在雨季进行，剪取顶端嫩枝，长20cm左右，摘去下部叶片，适温为13～18℃，插后15天生根。

◆**种植技术**：八仙花喜疏松、肥沃、排水良好的土壤，通常用腐叶土、园土、有机肥按4:4:2比例配制，规模生产宜用草碳、珍珠岩、有机肥按6:2:2比例配制。每半个月追一次有机肥。生长前期需氮肥较多，花芽分化和花蕾形成期施磷钾肥，亦可叶面喷施0.1%～0.2%的磷酸二氢钾2、3次，花蕾透色后停止施肥。八仙花叶片的蒸腾量很大，因此必须及时浇水，夏季，保持60%以上空气湿度。八仙花不耐高温，萌芽力强，在植株基部会萌发很多营养枝，为减少营养损耗，可及时抹除。若老枝需更换，可选择健壮的营养枝作为预备枝。花后及时短截，保留2、3个健壮芽促发新枝。

紫薇（痒痒花、紫金花、百日红、无皮树）

Lagerstroemia indica L.

千屈菜科（*Lythraceae*）紫薇属（*Lagerstroemia*）

- 识别特征 -

落叶灌木或小乔木，高可达7m。树皮平滑，灰色或灰褐色。枝干多扭曲，小枝纤细，具4棱，略成翅状。叶互生或有时对生，纸质，椭圆形、阔矩圆形或倒卵形，长2.5～7cm，宽1.5～4cm。花淡红色或紫色、白色，直径3～4cm,常组成7～20cm的顶生圆锥花序；花瓣6，红色，具长爪。蒴果椭圆状球形或阔椭圆形。

◆**季相变化及物候**：花期6～9月，果期9～12月。

◆**产地及分布**：我国华东、华中、华南及西南均有分布，云南各地栽培，天然分布见云南的维西、剑川、峨山、砚山等地，生于山坡路旁疏林灌丛中。日本、朝鲜、越南、菲律宾至大洋洲东北部亦有。

◆**生态习性**：阳性树种，耐半阴，较抗寒。喜生于肥沃湿润的土壤上，也能耐旱，不论钙质土或酸性土都生长良好。

◆**园林用途**：紫薇可做行道树、园景树，也适合在各式庭院、道路、园林、庙宇等处配置，可孤植、丛植、群植、列植。

◆**观赏特性**：花色鲜艳美丽，花型美观，花期长，寿命长，树龄有达上千年，传统栽培的

庭院观赏树种。

◆**繁殖方法**：播种、扦插或嫁接繁殖。1、播种繁殖：适于大量繁殖。秋末采收成熟种子，翌年3月份，放入40～50℃温水中浸泡24h，捞出后稍晾片刻即可播种，播后覆土浇水，注意遮阴，保持土壤湿润。2、扦插繁殖：雨季选择当年生半木质化枝条，剪成长约15cm，上部留2、3片叶。2/3的插穗插入基质中，并用手压实，立即浇透水，并在苗床上搭遮阴棚。3、嫁接繁殖：选发育粗壮的实生苗做砧木，取所需花色的枝条做接穗，在砧木顶端靠外围部分纵劈一刀约深5～8cm，再取长5～8cm带2个芽以上的接穗，削成楔形后插入砧木劈口对准形成层，用塑料薄膜将整个穗条枝包扎严密，露出芽头。嫁接2～3个月后松膜。

◆**种植技术**：春季裸根栽植。植苗时要保持根系完整。栽前种植穴施足基肥，肥料用腐熟的人粪尿、圈肥、厩肥及堆肥均可。定植后的前三年，每年萌芽前在根部穴状有机肥10～15kg。成活后每年春季浇水3、4次，花期浇水1、2次。

虾子花（五福花、虾子草）

Woodfordia fruticosa（L.）Kurz.

千屈菜科（*Lythraceae*）**虾子花属**（*Woodfordia*）

识别特征

　　落叶灌木。叶对生，近革质，披针形或卵状披针形，顶端渐尖，基部圆形或心形，上面通常无毛，下面被灰白色短柔毛，且具黑色腺点，有时全部无毛。3～15朵花组成短聚伞状圆锥花序，被短柔毛，萼筒花瓶状，鲜红色，裂片矩圆状卵形；花瓣小而薄，淡黄色，线状披针形，与花萼裂片等长。蒴果膜质，线状长椭圆形，开裂成2果瓣。

◆**季相变化及物候**：花期2～6月。

◆**产地及分布**：原产我国广东、广西及云南等省区，越南、缅甸、印度、斯里兰卡、印度尼西亚及马达加斯加也有分布。我国华南南部，西南南部及华东南部均有分布。

◆**生态习性**：喜温暖、湿润及阳光充足的环境，耐炎热、耐干旱、耐贫瘠、不耐寒。对土壤要求不严，耐修剪，抗性强，栽植易成活。

◆**园林用途**：目前很少见园林应用，适于公园绿地、庭院、池畔、路边或山石边丛植。

◆**观赏特性**：虾子花属珍稀花卉，花繁叶茂、花色鲜红或稍带橘红色，花形奇特趣，从整体上看似红色丝绸披晒于灌木丛上，从单体观察像条条柳鞭悬挂着串串红色的小虾仔，春暖花开，极为美观，花期长。

◆ **繁殖方法**：播种或扦插繁殖。

◆ **种植技术**：宜选择在阳光充足，土壤肥沃，排水良好的地方种植。苗木需带土团按一定的株行距种植，移植后，第一年除草、松土、施肥2、3次，以后每年一次。施肥以复合肥为主，春夏适当施氮肥。对水分要求不高，在秋季较干旱季节及时补水，修剪整形多在幼树或花期前进行，随时摘去茎干下部的侧芽，以促使顶芽和上部枝条的生长，使其形成完整的树冠，在换叶期间剪去徒长枝和个别特长枝，以保持树冠的完美。

石榴（安石榴、山力叶、若榴木）

Punica granatum L.

石榴科（*Punicaceae*）石榴属（*Punica*）

识别特征

　　落叶灌木或小乔木。小枝四棱，枝顶有枝刺。单叶对生，纸质，倒卵状长椭圆形，长 2～9cm，有光泽，在长枝上对生，在短枝上簇生。花朱红色，1～5朵生枝顶；花萼钟形，红黄色，5～8裂；花瓣5～7片，子房下位，径约3cm。浆果近球形，果皮厚，熟时暗红色或古铜色，顶端有花萼宿存。种子多数，肉质的外种皮供食用。

◆季相变化及物候：花期5～7月，果9～10月成熟。

◆产地及分布：原产巴尔干半岛至伊朗及其邻近地区，全世界的温带和热带都有种植。我国在汉代时张骞引入，黄河流及其以南地区均有栽培。

◆生态习性：石榴性喜光，好温暖，有一定的耐寒能力；喜湿润肥沃的土壤，较耐瘠薄和干旱，怕水涝，喜排水良好的石灰质土壤；有较强的耐旱能力，抗大气干燥，对大气污染也有较强适应力和抗性。

◆**园林用途**：可作园景树、风景林树，对植于门庭之出处，列植于小道、溪旁、坡地、建筑物旁，片植于池塘岸边、河湾山坡，或孤植或丛植于庭院，游园之角，也宜做成各种桩景和供瓶插花观赏。

◆**观赏特性**：树姿优美，枝叶秀丽，初春嫩叶抽绿，婀娜多姿；盛夏繁花似锦，花色艳丽如火，花期极长；秋季硕果累累，红艳可爱，象征丰收意境，既能赏花，又可食果，石榴籽多，寓意多子多福。

◆**繁殖方法**：扦插或压条繁殖。1、扦插繁殖：选半木质化枝条于雨季扦插，插后 15 ～ 20天生根。2、压条繁殖：春秋季均可进行，不必刻伤，芽萌动前用根部分蘖枝压入土中，经夏季生根后割离母株。

◆**种植技术**：宜选择土壤疏松、肥沃，光照充足、排水良好的地方种植。秋季落叶后至翌年春季萌芽前四季均可栽植。种植时带土球，施足基肥，地上部分适当短截修剪，栽后浇透水，雨季要及时排水，入冬前施 1 次腐熟有机肥，对幼树应在距树 1m 处环状沟施，老树则放射状沟施，深度为 20cm。由于石榴枝条细密杂乱，需通过修剪来达到株形美观的效果。夏季及时摘心，疏花疏果，达到通风透光、株形优美、花繁叶茂、硕果累累的效果。

马桑

Coriaria nepalensis Wall.

马桑科（*Coriariaceae*）马桑属（*Coriaria*）

识别特征

　　落叶灌木。小枝四棱形或成四狭翅。叶对生，纸质或薄革质，椭圆形或宽椭圆形，长 2.5～8cm，先端急尖，基部圆，全缘，两面无毛或脉上疏被毛，基出 3 脉，弧形伸至顶端。总状花序生于二年生枝上，雄花序先叶开放，多花密集，序轴被腺状微柔毛；花梗长约 1mm，无毛；花瓣极小；雌花序与叶同出。果球形，果期花瓣肉质增大包于果外，成熟时由红色变紫黑色。

◆**季相变化及物候**：花期 3～4 月，果期 5～6 月。

◆**产地及分布**：产于我国云南、贵州、四川、湖北、陕西、甘肃、西藏等地；印度、尼泊尔也有分布。

◆**生态习性**：喜光，喜温湿，耐干瘠薄，也耐寒，适应性很强。

◆**园林用途**：目前应用较少，是春、夏重要的观花观果的灌木，适合丛植于庭院、公园绿地、路侧等。

◆**观赏特性**：树形较美观，枝叶开展；盛花时节，花色美丽，花叶相映，艳丽悦目，果色艳丽。

◆**繁殖方法**：种子或压条繁殖。主要采用种子繁殖，每年 9 月中旬～10 月中旬，松土平整，撒种，不需覆盖；也可用茎径 3cm 以上、长 50cm 的枝条压条繁殖。

◆**种植技术**：选择土层深厚、富含有机质的肥沃土壤。清理种植地上的杂灌草，挖宽

40cm，深 30cm 的定植穴，挖好后沟底铺一层有机肥，再覆一层土，然后按 60cm 株距定植。定植完后上一次定根水。第一年，在发芽前离地面 20cm 处剪去苗干即为主干，当年培养成 2～4 根支干，第二年 5～6 月份果收获后，离地面 50cm 处剪定，发芽后每支干留 2、3 个生长芽，要重视施肥质量，强调氮、磷、钾的配合，多施有机肥和钾肥。

木槿

Hibiscus syriacus Linn.

锦葵科（*Malvaceae*）木槿属（*Hibiscus*）

识别特征

　　落叶灌木。小枝密被黄色星状绒毛。叶菱形至三角状卵形，具深浅不同的 3 裂或不裂，先端钝，基部楔形，边缘具不整齐齿缺，下面沿叶脉微被毛或近无毛；托叶线形，长约 6mm，疏被柔毛。花单生于枝端叶腋间，花梗长 4～14mm，被星状短绒毛；小苞片 6～8，线形，密被星状疏绒毛；花萼钟形，长 14～20mm，密被星状短绒毛，裂片 5，三角形；花钟形，白色、紫红色、淡紫色等，直径 5～6cm，花瓣倒卵形，疏被纤毛和星状长柔毛。蒴果卵圆形，密被黄色星状绒毛。

◆**季相变化及物候**：花期 6～9 月。

◆**产地及分布**：原产东亚，主要分布于我国云南、台湾、福建、广东、广西、贵州、四川、湖南、湖北、安徽、江西、浙江、江苏、山东、河北、陕西等省区。

◆**生态习性**：木槿喜光而稍耐阴，喜温暖、湿润气候，较耐寒，但在北方地区栽培需保护越冬，好水湿而又耐旱，对土壤要求不严，在重黏土中也能生长。

◆**园林用途**：夏、秋季重要观花灌木，南方多作花篱、绿篱；木槿对二氧化硫与氯化物等有害气体具有很强的抗性，同时具有很强的滞尘功能，是有污染工厂的主要绿化树种。

◆**观赏特性**：树型美观，木槿花期长且花繁叶茂，通过修剪可养成乔木形树姿，开花时满树花朵，甚为壮观。

◆**繁殖方法**：压条或扦插繁殖，扦插较易成活，扦插行距 20 ～ 30cm，株距 8 ～ 10cm，插穗上端露出土面 3 ～ 5cm 或入土深度为插条的 2/3，插后培土压实，及时浇水，一个月生根，当年夏、秋季即可开花。

◆**种植技术**：四季可定植，现蕾前追施 1、2 次磷、钾肥，促进植株孕蕾；5 ～ 10 月盛花期间结合除草、培土进行追肥两次，以保持花量及树势；冬季休眠期间除草清园，在植株周围开沟或挖穴施肥，以农家肥为主，辅以适量无机复合肥，以供应来年生长及开花所需养分。新栽植的木槿植株较小，在前 1 ～ 2 年可放任其生长或进行轻修剪，即在秋冬季将枯枝、病虫弱枝、衰退枝剪去。树体长大后，宜在秋季落叶后对木槿植株进行整形修剪。

俏黄栌（紫锦木）

Euphorbia cotinilolia L.

大戟科（*Euphorbiaceae*）**大戟属**（*Euphorbia*）

识别特征

落叶灌木或小乔木。植株的幼嫩枝条为红色。叶轮生，红色，宽卵形，叶长 5.5 ～ 8cm，宽 5 ～ 7cm，纸质；叶柄长 4 ～ 7cm，纤细；叶鞘和叶脱落后留有痕迹似节；花顶生，花小，直径 2 ～ 3mm，黄色，9 ～ 10 月为盛花期。果实成熟后会自动爆开飞出种子。

◆**季相变化及物候**：花期 8～10 月。

◆**产地及分布**：原产墨西哥和南美洲。我国华南及西南有引种栽植。

◆**生态习性**：强阳性植物，喜阳光充足、温暖、湿润的环境。要求土壤疏松、肥沃、排水良好。生长期充分浇水、施肥。

◆**园林用途**：适宜在公园绿地、庭院、风景区中植物造景。

◆**观赏特性**：俏黄栌叶片终年紫红色，为近年来园林中常用的常色叶树种，耐修剪，萌发力强，可修剪成各种造型，具有极高的园林景观价值。

◆**繁殖方法**：播种或扦插繁殖。1、播种繁殖：在春季雨水后能自然萌发成幼苗，人工播种成活率在 70% 以上。2、扦插繁殖：在整年的生长期内均可进行，取幼嫩枝作插条出根快，约 15～25 天就可出根定植，两年生或当年生的老枝出根慢，需 30～45 天或更长时间。插条扦插前将基部切口的乳汁擦掉有利出根，扦插成活率在 90% 以上，也可水插，极易生根。

◆**种植技术**：俏黄栌小苗种植基质宜含有腐叶土比例高的土壤与园土进行混合。种植穴不宜过大，穴内施足肥料，浇水渗透。将小苗放入种植穴内填土，定植后 20 天左右即可成活，种植 2～3 个月就能增长 60～70cm，保证水肥管理，中耕除草。定植后 1～2 年即可达到理想的造景效果。

余甘子（油甘子、橄榄果）

Phyllanthus emblica L.

大戟科（*Euphorbiaceae*）叶下珠属（*Phyllanthus*）

识别特征

　　落叶灌木，稀小乔木。叶片纸质至革质，线状长圆形，长 8～20mm，宽 2～6mm，顶端截平或钝圆，基部浅心形而稍偏斜；侧脉每边 4～7 条；叶柄长 0.3～0.7mm。多朵雄花和 1 朵雌花或全为雄花组成腋生的聚伞花序；萼片 6。蒴果呈核果状，圆球形，直径 1～1.3cm。

◆**季相变化及物候**：花期 4～6 月，果期 7～11 月。

◆**产地及分布**：产于我国江西、福建、台湾、广东、海南、广西、四川、贵州和云南等省区，云南省内多分布在禄劝、芒市、临沧、普洱、景洪、文山等地；亦分布于印度、斯里兰卡、中南半岛、印度尼西亚、马来西亚和菲律宾等地，南美有栽培。

◆**生态习性**：余甘子为常见的散生树种，一般树高为 1～3m，耐干热瘠薄环境，萌芽力强，根系发达，对土壤要求不严，喜酸性土。

◆园林用途：作庭荫树、风景树，适合种植在公园草坪或庭院角隅，亦可作为果树栽培。可保持水土，作荒山荒地酸性土造林的先锋树种。

◆观赏特性：果实晶莹剔透，叶片轻柔如羽毛，嫩梢和新叶黄绿色，果可食用，清凉回味甘。

◆繁殖方法：播种繁殖。果实成熟后采种，稍微挤压，用石灰水浸泡后，洗净晾干，也可沙藏。种子经过一个冬季的贮藏催芽，于 2 月份播种。

◆种植技术：选择无霜害和风害、排水良好的红壤或黄壤定植，平整场地，挖深宽各 0.7m 的穴，每穴施入有机肥 1.0～1.5kg、磷肥 0.5kg，与土拌匀。株行距以 80cm×80cm 为宜。种植宜春季进行，种植时应注意使根系入土后能舒展并压实，浇透定根水。

紫叶李（红叶李）

Prunus cerasifera Ehrhar f. *Atropurpurea* （Jacq.） Rehd.

蔷薇科（*Rosaceae*）李属（*Prunus*）

识别特征

落叶灌木或小乔木。叶卵形或倒卵形，边缘具重锯齿，光滑，卵形至披针形，紫红色。花小，淡粉红色至白色；花单生或 2、3 朵聚生，粉红色。果实近球形，紫红色。

◆ **季相变化及物候**：花期 2 ～ 3 月，果期 5 ～ 6 月。

◆ **产地及分布**：原产亚洲西南部，我国各地均有栽培。

◆ **生态习性**：性喜光，需光照充足，喜温暖湿润气候条件，较耐旱，不耐积水。对土壤适应性强，喜肥沃湿润的中性或酸性砂质壤土，也耐轻度盐碱土。

◆ **园林用途**：适于公园绿地、庭院、道路应用，孤植、群植、列植、片植等，营造色彩突出的视觉景观。

◆ **观赏特性**：紫叶李在整个生长季紫叶满树，尤以春、秋二季叶色更艳，春季开浅紫色花，尤为壮观，果实紫红色，是优美的色叶、观花、观果植物。

◆ **繁殖方法**：嫁接、压条或扦插繁殖。1、嫁接繁殖：用毛桃、李、梅、杏作砧木。用桃作砧木嫁接的植株，生长势旺，叶色紫绿；用梅实生苗嫁接植株叶色鲜亮。嫁接苗成活后 1 ～ 2 年可出圃栽培。2、压条繁殖：离枝顶 20 ～ 25cm 处环状剥皮，用捏成泥状的鸭蛋大素红土包裹，用薄膜包扎严实，秋季即可剪离定植。3、扦插繁殖：秋季选用当年生枝条 10 ～ 15cm，插入疏松砂土中，遮阴保湿，来年春季即可出圃移栽。插穗用生根剂处理可提高成活率。

◆**种植技术**：宜选择光照充足，喜温暖湿润气候环境，肥沃湿润的中性或酸性砂质壤土种植，选阴雨天或晴天的下午4点后定植。起苗前，苗床灌足水，以利起苗减少伤根，根系又能多带泥土。现起苗现栽植可提高移植成活率。不耐积水，在低洼处种植生长不良。移植前每穴施20～25kg腐熟农家肥和三元复合肥100g，深耕细耙。栽植时在定植穴底部先施入适量腐熟圈肥，覆盖一层土；栽后及时浇透水，以后根据苗木需水、肥情况及时浇水、施肥，但施肥量不能过大，否则叶色发暗，降低观赏价值，一般每年秋末施一次有机肥。

蔷薇（野蔷薇、多花薇、蔷薇花）

Rosa multiflora Thunb.

蔷薇科（*Rosaceae*）蔷薇属（*Rosa*）

识别特征

　　落叶或半常绿的匍匐状灌木。小叶5～9，近花序的小叶有时3；小叶片倒卵形、长圆形或卵形，先端急尖或圆钝，基部近圆形或楔形，边缘有尖锐单锯齿，稀混有重锯齿，上面无毛，下面有柔毛；小叶柄和叶轴有柔毛或无毛，有散生腺毛；托叶篦齿状，大部贴生于叶柄，边缘有或无腺毛。花多朵，排成圆锥状花序，花梗无毛或有腺毛，有时基部有篦齿状小苞片；萼片披针形，有时中部具2个线形裂片，外面无毛，内面有柔毛；花瓣白色，宽倒卵形，先端微凹，基部楔形。果近球形，红褐色或紫褐色。

◆**季相变化及物候**：花期每年的5～9月。

◆**产地及分布**：原产我国华北南部，黄河流域及以南各地均有栽培。

◆**生态习性**：喜阳，亦耐半阴，较耐寒。耐干旱，耐瘠薄，但在土层深厚、疏松、肥沃湿润而又排水通畅的土壤中生长更好，忌积水。

◆**园林用途**：蔷薇及其变种、类型在园林中可群植或片植作墙垣、栅栏、竹篱旁栽植，或在坡地种植。

◆**观赏特性**：密集丛生，满枝灿烂，微雨或朝露后，花瓣红晕湿透，景色颇佳。

◆**繁殖方法**：播种、扦插、压条或分株繁殖均可。插穗剪取长8～10cm带有3、4叶节的枝条，留两片复叶，插后浇透水，并使插条与土壤结合紧密，插后遮阴，并用塑料薄膜保湿，晚上揭开以便通风换气，土壤保持湿润，但不宜过湿，防止伤口霉烂，半月左右逐渐增加阳光照射时间，以增加光合作用，并利生根。

◆**种植技术**：新栽时留4、5个芽的高度，修去老、细、伤的根和枝条。栽种密度通常为30cm×30cm，种植时一手固定植株，另一手将土放入穴内，等泥土把根掩没后，轻轻提一提植株，使土壤下沉根系伸张开，扦实土壤，浇透水，再填土，不必压实，有利于通气。在生长过程中需要均衡用肥，有机或无机肥均可，速效肥为主。

马蹄豆（白花羊蹄甲、渐尖羊蹄甲、木碗树）

Bauhinia acuminata L.

苏木科（*Caesalpiniaceae*）羊蹄甲属（*Bauhinia*）

-**识别特征**-

落叶灌木，高可达3m。幼枝被灰色短柔毛，后变无毛。托叶线形，长约1cm，早落。叶近革质，圆卵形至近圆形，长9～13cm，宽8～12cm，先端2裂至1/3或2/5，裂片三角形，先端锐尖，或稍渐尖，基部心形或近平截，叶正面无毛，背面被灰褐色短柔毛，基出脉9～11条，与网脉在叶背面明显突起；叶柄长3.5～4cm，被短柔毛。总状花序伞房状，腋生或顶生，有花数朵，总花梗短，与花序轴均稍被短柔毛；苞片与小苞片线形，渐尖，具条纹，被柔毛；花蕾纺锤形，长2.5cm；花梗粗壮；花萼佛焰苞状，先端渐尖，开花时在一侧匙状开裂，先端具短的5齿；花瓣白色，倒卵状长圆形，长3.5～5cm，宽约2cm，先端钝；能育雄蕊10，花丝长短不一，花药长圆形，黄色；子房具柄，柱头盾状。荚果线状倒披针形，长6～11cm，扁平，直或稍弯，具喙，近腹缝线处有1条凸起的棱。种子5～11粒，长圆形，扁平。

◆**季相变化及物候**：花期 4～6 月，热带地区几乎全年有花；果期 6～12 月。

◆**产地及分布**：产于红河、金平、个旧、西双版纳等地；生于海拔 280～800m 山坡阳处，或有栽培；福建、广东、广西、印度、斯里兰卡、马来半岛、越南、菲律宾有分布。

◆**生态习性**：阳性植物，喜阳。喜温暖湿润气候，生长适宜温度 23～30℃，耐热、耐旱、抗污染、不耐阴，在排水良好的开阔酸性砂壤土中生长良好。

◆**园林用途**：适于公园绿地、庭院、单位、小区栽培，孤植、丛植、群植皆可，宜配置于草坪，路旁，水边。

◆**观赏特性**：花朵洁白芳香，数朵聚生，盛花期树上一片白色，似一只只白蝴蝶飞舞在绿叶之上，非常醒目。

◆**繁殖方法**：播种、扦插或压条繁殖。1、播种繁殖：春季采种后在热水中搓散，晾干后播种，种子发芽缓慢，播后约 1 年左右发芽，3～4 年后开花；2、扦插繁殖：选健状的木质化枝条，长度 10～15cm，在维生素 B_{12} 针剂中蘸一下，插于砂中，在遮阴 80%，相对湿度条件下，温度 20～24℃条件下约 15 天左右可生根。也可用 300～500ppm 的 IBA 浸泡 24h。3、压条繁殖：4～7 月从 3 年生母株上选取健壮枝条，长 25～30cm 在基部进行环割，包湿土球，用塑料膜扎紧，1 个月生根后及时剪下栽培。

◆**栽培技术**：栽培土壤以壤土为佳。春、夏季生长期，每月施肥 1 次。冬季落叶后修剪整枝；植株老化可重剪复壮。

鸡冠刺桐

Erythrina crista-galli L.

蝶形花科（*Papilionaceae*）刺桐属（*Erythrina*）

识别特征

落叶灌木或小乔木。茎和叶柄稍具皮刺。叶长 7～10cm，宽 3～4.5cm，羽状复叶具 3 小叶，长卵形或披针状长椭圆形，顶端钝，基部近圆形。花与叶同出，总状花序顶生，每节有花 1～3 朵；花深红色，稍下垂或与花序轴成直角；花萼钟状，先端二浅裂；雄蕊二体。荚果长约 15cm，褐色，种子间缢缩；种子大，亮褐色。

◆ **季相变化及物候**：花期 4～7 月，果期 9～11 月，落叶期 12～翌年 1 月。

◆ **产地及分布**：原产巴西，我国台湾、云南等地有栽培。

◆ **生态习性**：喜光，稍耐阴，耐干旱，喜高温湿润气候，但具有一定的耐寒能力，对土壤要求不严，但不耐水浸，在排水良好、肥沃的土壤中生长最好。

◆ **园林用途**：可用作行道树、园景树，可孤植、群植于公园草坪上、道路旁和庭院中。

◆ **观赏特性**：树形优美，树干苍劲，花朵繁茂，花型独特，花期长且花色艳丽，季相变化丰富，具很高的观赏价值。

◆**繁殖方法**：播种或扦插繁殖。1、播种繁殖：在荚果成熟变干时采收。随采随播，播前适当浸种，播于苗床，播后10天左右即可出苗。2、扦插繁殖：应在2月下旬～3月上中旬进行，将半木质化枝条剪成长8～10cm的插条，插于苗床中，注意保持苗床湿润，并适当遮阴。插后约15天即可生根发芽，1～2个月即可成苗。

◆**种植技术**：宜选择光照充足，肥沃、疏松、排水良好的土壤种植。时间以春季最好。种植前先整地，将育苗地上的杂灌木和草全部清除，然后挖定植穴。如作花灌木使用，株行距以1m×1m为宜，如作乔木使用，则株行距以2m×2m为宜。定植穴规格以40cm×40cm×40cm为宜。定植后浇足定根水，并及时补充水分。定植前施足基肥，植后每季施有机肥一次。鸡冠刺桐易患烂皮病，可去除腐烂树皮，对树冠和树干进行药物喷洒，对树干采取喷沫农药并包裹。

盐肤木（五倍子树、五倍柴、盐肤子）

Rhus chinensis Mill.

漆树科（*Anacardiaceae*）盐肤木属（*Rhus*）

识别特征

落叶灌木或小乔木。奇数羽状复叶有小叶，叶轴具宽的叶状翅，小叶自下而上逐渐增大，叶轴和叶柄密被锈色柔毛；小叶多形，卵形或椭圆状卵形或长圆形，先端急尖，基部圆形，顶生小叶基部楔形，边缘具粗锯齿或圆齿，叶面暗绿色，叶背粉绿色，被白粉，叶面沿中脉疏被柔毛或近无毛，叶背被锈色柔毛。圆锥花序宽大，多分枝；花单性，花瓣倒卵状长圆形，开花时外卷。核果球形，略压扁，被具节柔毛和腺毛，成熟时红色。

◆**季相变化及物候**：花期 8 ～ 9 月，果期 10 月。

◆**产地及分布**：产我国除东北、内蒙古和新疆外，其余省区均有。

◆**生态习性**：喜温暖湿润气候，也能耐一定寒冷和干旱。对土壤要求不严，酸性、中性或石灰岩的碱性土壤上都能生长，耐瘠薄，不耐水湿。根系发达，有很强的萌蘖性。

◆**园林用途**：目前在城市绿地中应用较少，可在公园绿地、庭院等应用，可孤植或丛植于草坪、斜坡、水边，或于山石间、亭廊旁配置。

◆**观赏特性**：树冠圆球形，枝翅奇特，早春初发嫩叶及秋叶均为紫红色，十分艳丽。落叶后有橘红色果实悬垂枝间，颇为美观。在园林中可作为观叶、观果的植物。

◆**繁殖方法**：播种繁殖。春季播种，40 ～ 50℃温水加入草木灰调成糊状，搓洗盐肤木种子。用清水掺入 10% 浓度的石灰水搅拌均匀，将种子放入浸泡 3 ～ 5 天后摊放在簸箕上，盖上草帘，保湿，待种子"露白"后播种，细砂覆盖种子，厚度以不见种子为宜。用稻草或松针覆盖，喷淋清粪水，苗床保持湿润，幼苗大量出土后，在阴天或少雨天揭去覆盖物炼苗。

◆**种植技术**：选土层深厚、疏松肥沃、排水良好的砂壤土，每 1m^2 施农家肥 6kg，配施 60g 过磷酸钙，深翻 50cm，做成 1.3m 宽的畦。苗高 17 ～ 20cm 时按株距 15cm 定植，定植后结合浅锄松土。7 月下旬～ 8 月，视苗情追施稀薄人粪尿一次，除幼苗期需常保持土壤湿润外，不宜多浇水，以防地上部徒长。雨季应及时排除积水。现蕾时及时割去顶部枝蕾，一般进行 2、3 次。

密蒙花

Buddleja Officinalis Maxim.

马钱科（*Loganiaceae*）醉鱼草属（*Buddleja*）

▶ 识别特征

　　落叶灌木。小枝具四棱，小枝、叶下面、叶柄和花序均密被灰白色星状短绒毛。叶对生，叶片纸质，长 3～11cm，宽 1～5cm，狭椭圆形、长卵形、卵状披针形或长圆状披针形，顶端渐尖、急尖或钝，基部楔形或宽楔形，有时下延至叶柄基部，通常全缘，稀有疏锯齿，叶上面深绿色，被星状毛，下面灰黄绿色。穗状聚伞花序顶生，花多而密集，花紫色，芳香；花萼钟状，长约4mm；花花冠管圆筒形，长 13～20mm，内面黄色，被疏柔毛，花冠裂片卵形。果序穗状，蒴果长圆状或椭圆状基部常有宿存花萼。

◆ **季相变化及物候**：花期 3～4 月，果期 5～8 月。

◆ **产地及分布**：产于我国江苏、安徽、浙江、江西、福建、湖北、湖南、广东、广西、四川、贵州和云南等省区。马来西亚、日本、美洲及非洲均有栽培。

◆ **生态习性**：耐半阴、耐寒、耐旱、耐粗放管理、忌水涝，适应性强，耐土壤瘠薄，抗盐碱，在土壤通透性较好的壤土、砂壤土、砂土、砾石土等生长良好。

◆ **园林用途**：在园林绿化中可用来植草地，也可用作坡地、墙隅绿化美化，装点山石、庭院、公园、道路、花坛。可采用孤植、篱植、带植、片植等方式，大面积应用于高速公路两侧。

◆ **观赏特性**：通过合理修剪，株型紧凑，枝条坚韧有力，生长旺盛，花势繁盛，花色艳丽，花期长，花芳香而美丽

◆ **繁殖方法**：播种、扦插或分株繁殖。播种繁殖因种子较小，适于高床撒播，注意保湿并搭棚遮阴，待苗高达 10cm 左右时分栽培育。扦插繁殖春季进行，用休眠枝作插穗。分株结合移植进行，容易成活。

◆**种植技术：**栽培前最好在无污染的流水中浸泡 4 ～ 5h。除将枯死和腐烂的部分，适当修剪过长的主根和侧根。以绿篱的种植密度约为 50cm×50cm，第二年根据生长量和密度适当间苗和分栽。覆土时埋到苗木根际线以上 1 ～ 2cm 为宜。栽时舒展根系，将细碎土填入根部，埋至一半时，将苗略向上提，达到适宜深度，踩实，使苗根与土壤密接。苗木定植后浇定根水，以后根据情况适当浇水，成活后当年生长量可达 1m 以上。宜休眠期剪除地上部，以利翌年发新枝多开花。

沙漠玫瑰（天宝花、沙蔷薇）

Adenium obesum Roem. et Schult

夹竹桃科（*Apocynaceae*）天宝花属（*Adenium*）

识别特征

　　落叶灌木。枝干肉质；单叶，互生，集生枝端，倒卵形或椭圆形，长 8 ～ 10cm，宽 2 ～ 4cm，先端钝而具短尖，近无柄，腹面深绿色，背面灰绿色，革质，全缘；花冠漏斗状，外面被短柔毛，5 裂，直径约 5cm，外缘红色至粉红色，中部色浅，裂片边缘波状。未见种子。

◆**季相变化及物候**：花期5～12月。

◆**产地及分布**：原产南非、东非以至阿拉伯半岛的干燥地带。我国云南南部、西南部、广东、海南等地有栽培。

◆**生态习性**：强阳性植物。全光照环境，喜高温、干燥的气候，生长适宜温度23～32℃，耐热、极耐旱、不耐水湿、不耐寒，喜排水良好的肥沃土壤。

◆**园林用途**：适用于公园绿地，单位、小区、工矿企业等应用，花坛、花镜栽培，宜群植、片植。

◆**观赏特性**：树形奇特，花色亮丽，花、叶、茎均优雅别致，盛花时花满枝头，姿态优美，花期长。

◆**繁殖方法**：播种、扦插、压条或劈接繁殖。1、播种繁殖：出苗率高，现采现播或砂藏翌年春播，发芽适温为18～25℃，播后1～2周发芽，茎未木质化之前偏干管理水分，播种苗茎干基部容易肥大，株形优美。2、扦插繁殖：雨季进行，选带顶端穗10cm长的1～2年生枝条，切口晾干后扦插于砂床，维持20～28℃的生根适温，注意插穗基质偏干管理，插后3～4周可生根。3、压条繁殖：健壮枝条基部进行刻伤或环状剥皮，用湿润的素红壤包裹伤口，塑料薄膜扎紧，约1个月生根。切离母株栽种。4、劈接繁殖：以实生苗或夹竹桃为砧木，夏秋季劈接。

◆**种植技术**：选向阳，排水良好的疏松腐殖土或砂土为佳，春季至秋季施用腐熟有机肥料及复合肥3、4次。成株冬季落叶后修剪整枝。冬季落叶休眠时，土壤保持干燥。冬季需防冷害。

蝴蝶荚蒾

Viburnum plicatum Thunb. var. *tomentosum* （Thunb.） Miq.

忍冬科（*Caprifoliaceae*）荚蒾属（*Viburnum*）

识别特征

　　落叶灌木。叶较狭，宽卵形或矩圆状卵形，有时椭圆状倒卵形，两端有时渐尖，下面常带绿白色，侧脉 10 ～ 17 对。花序外围有 4 ～ 6 朵白色、大型的不孕花，具长花梗，不整齐 4 ～ 5 裂；中央可孕花，花冠辐状，黄白色，裂片宽卵形，长约等于筒。果实先红色后变黑色。

◆ **季相变化及物候**：花期 4 ～ 5 月，果熟期 8 ～ 9 月。

◆ **产地及分布**：产我国陕西南部、安徽南部和西部、浙江、江西、福建、台湾、河南、湖北、湖南、广东北部、广西东北部、四川、贵州及云南丽江、马关等地。日本也有分布。

◆ **生态习性**：喜湿润气候，较耐寒，稍耐半阴，喜富含腐殖质的壤土。

◆ **园林用途**：适于公园绿地、庭院配植，丛植或孤植以点缀景观。

◆ **观赏特性**：花型如盘，真花如珠，装饰花似粉蝶，远眺酷似一群洁白的蝴蝶戏珠，惟妙惟肖。春夏赏花，秋冬观果。

◆ **繁殖方法**：播种或扦插繁殖。扦插春、夏、秋季均可进行。春季宜在新芽萌发前、秋季

于 8 月初～10 月初。但以高温多雨季节扦插成活率高。宜选择 1 年生健壮、充实的枝条，每根至少具 2、3 个节位，剪取长度 10～15cm，摘去下部叶片，留上部 1、2 片叶，每片去掉 2/3，将插穗下端近节处削成平滑的斜面 45°，每 50 根扎成 1 小捆，用 300ppmABT6 溶液浸泡下端斜面 2～3h，稍晾干后立即进行扦插。半个月左右便可生根和萌发新芽。

◆**种植技术**：种植土壤要求不严，特别适于土质疏松、土肥沃、排水良好的壤土。选地整地：对土壤酸碱度要求不严，深翻整平，施入农家肥 ，再整成 150cm 宽的畦，即可挖穴移栽。四季均可移栽，但以春季 3～4 月，秋季 9～11 月移栽的成活率高。栽植挖成长宽各 35cm、深 25～30cm 的穴，每穴施入农家肥 5～10kg、饼肥 50g，过磷酸钙 150g，充分拌匀后，在穴的 4 个角各栽植 1 株，穴中心栽 1 株，成梅花形，栽植深度 20cm，然后浇水，覆土压实，适时中耕除草追肥。

臭牡丹（大红袍、臭八宝、矮童子、野朱桐、臭枫草、臭珠桐）

Clerodendrum bungei Steud.

马鞭草科（*Verbenaceae*）大青属（*Clerodendrum*）

识别特征

落叶灌木，高 1～2m，植株有臭味。小枝近圆形，皮孔显著，近于无毛。叶片纸质，宽卵形或卵形，长 8～18cm，宽 6～15cm，顶端尖或渐尖，基部心形或近截形，边缘具波状粗锯齿，齿端有刺尖，侧脉 4～6 对，表面散生短柔毛，背面疏生短柔毛或近光滑，基部脉腋有数个盘状腺体；叶柄长 4～15cm。伞房状聚伞花序顶生；苞片叶状，披针形或卵状披针形，早落或花时不落，早落后在花序梗上残留凸起的痕迹，小苞片

披针形；花萼漏斗形，先端分裂，裂片三角状卵形，先端渐尖，被短柔毛及少数盘状腺体，萼齿三角形或狭三角形；花冠淡红色、红色、紫红色或白色，花冠管长2～3cm，裂片倒卵形，长5～8mm；雄蕊及花柱均突出花冠外；柱头2裂，子房上位，子房4室。核果近球形，径0.6～1.0cm，成熟时蓝紫或蓝黑色。

◆ **季相变化及物候**：花期4～7月，果期9月以后。

◆ **产地及分布**：产我国华北、西北、西南等地区，分布广泛，云南各地有分布，生于海拔2500m以下的山坡、林缘、沟谷、路旁、田边、灌丛润湿处或栽于屋旁及庭院中；印度北部、越南、马来西亚也有分布。

◆ **生态习性**：喜温暖潮湿、半阴环境，宜于疏松、肥沃且排水良好的土壤中生长。生长适温为18～22℃，越冬温度8～12℃。

◆ **园林用途**：适用于公园绿地、单位、小区、厂区做绿化植物，群植或片植，可花坛、花镜栽培，宜栽植于庭院中坡地、林下或树丛旁等。

◆**观赏特性**：花期长，有着独特的型态，叶色浓绿，开花紫红色，花朵优美，宛如一个花球开于顶端，韵味十足。

◆**繁殖方法**：分株、根插或播种繁殖。1、分株繁殖：在秋、冬季落叶后至春季萌芽前，挖取地上萌蘖株分栽。2、根插繁殖：梅雨季节将横走的根蘖切下插于砂土或素红壤中，插后1～2周生根。3、播种繁殖：9～10月采种，冬季砂藏，翌春播种，播后2～3周发芽。

◆**种植技术**：保持土壤湿润，生长季节每月施肥1、2次，生长期要控制根蘖扩展，经常修剪过多的萌蘖枝；冬季将地上部分全部割除，以减少病虫危害。

桢桐

Clerodendrum japonicum （Tunb.） Sweet

马鞭草科（*Verbenaceae*）大青属（*Clerodendrum*）

识别特征

落叶灌木。叶对生，广卵形，长10～20cm，宽8～18cm，先端尖，基部心形，或近于截形，边缘有锯齿而稍带波状，上面深绿色而粗糙，具密集短毛，下面淡绿色而近于光滑，脉上有短柔毛，触之有臭气；叶柄长约8cm。花蔷薇红色，有芳香，为顶生密集的头状聚伞花序，径约10cm；花萼细小，漏斗形，先端5裂，裂片三角状卵形，先端尖，外面密布短毛及腺点；花冠径约1.5cm，下部合生成细管状，先端5裂。核果，外围有宿存的花萼。

◆ **季相变化及物候**：花期5～9月，果期10～12月。

◆ **产地及分布**：原产于我国云南南部，分布河北、河南、陕西、浙江、安徽、江西、湖北、湖南、四川、云南、贵州、广东等地。

◆ **生态习性**：阳性植物。适合生长在阳光充足的环境。喜温暖湿润的气候。

◆**园林用途**：目前城市绿地中应用较少，可用于花坛、花境，也是具有较高观赏价值的盆栽花卉。

◆**观赏特性**：植株低矮，枝杆紧密，叶片较大，花冠鲜红色，红色艳丽的花朵能增添节日的喜庆气氛，让人看了赏心悦目、流连忘返。

◆**繁殖方法**：分株繁殖。准备好的繁殖材料进行适当的整理，首先去掉干枯的叶片。适当去除一些叶片以减少水分的蒸腾。然后把混合搅拌好的培养土装入盆中，再把植株进行分株栽植。

◆**种植技术**：选择温暖湿润，阳光充足、排水良好、保水性较好的地块种植。施足基肥，覆土，适当遮阴。栽植后应立即浇透水，然后每隔3h喷1次水使叶面保持湿润。由于叶片较大，所以需要较多的水分，必须经常保持叶面湿润，可以避免植株萎蔫干枯。对于营养方面的需求与其他植物差不多，一般半月施1次肥，可以选择复合肥，也可以喷施叶面肥。营养生长期对氮肥需求量较大，而在盛花期应多施富含磷、钾的肥料以促进开花。

第四部分

藤本

冷饭团（黑老虎）

Kadsura coccinea （Lem.） A. C. Smith

五味子科（*Schisandraceae*）南五味子属（*Kadsura*）

识别特征

常绿攀援藤本，长 3 ～ 6m。茎下部覆土中，上部缠绕。叶革质，长圆形至卵状披针形，长 7 ～ 18cm，宽 3 ～ 8cm，先端钝或短渐尖，基部宽楔形或近圆形，全缘，侧脉每边 6 ～ 7 条，网脉不明显；叶柄长 1 ～ 2.5cm。花单生于叶腋，稀成对，雌雄异株；雄花花被片红色，10 ～ 16 片；雌花花被片与雄花相似。聚合果近球形，红色或暗紫色，径 6 ～ 10cm 或更大；小浆果倒卵形，长达 4cm。

◆ **季相变化及物候**：花期 2 ～ 7 月，果期 7 ～ 11 月。

◆ **产地及分布**：分布于我国云南、贵州、四川、湖南、广西、广东等地。

◆ **生态习性**：喜光、耐阴，喜温暖又耐寒，冬季 -10℃以上的地区，均可露地栽培。

◆ **园林用途**：是优良的园林观赏植物，可作园林配置地被栽培、盆景观赏，又可作露地餐厅、长廊、棚架等的顶面绿化。

◆ **观赏特性**：四季常绿大藤本植物，枝条缠绕多姿，红花、红果、聚合果，挂果到冬季，叶大而翠绿，是赏花观叶花卉，又是观果植物，花、叶、花具美，别具一格。

◆**繁殖方法**：属雌雄异株植物，栽培时宜按雌株与雄株 9:1 的比例配栽，有利于异花授粉，也可在花期进行人工授粉，提高产量。

◆**种植技术**：对土壤要求不严，但以偏酸性的砂壤最适宜。黑老虎的须根较多，种植时，穴不必太深，长、宽各 0.6 m，深 0.5 m 为宜；可在 12 月至翌年 3 月定植。以农家肥和钙镁磷混匀作底肥；追肥薄肥勤施，最好施发酵腐烂的饼肥和农家肥；未挂果幼苗半月施肥 1 次，以氮肥为主；挂果后 10 天左右施肥 1 次，以磷、钾肥为主。修剪一般在冬季开花前 1 个月进行。一方面，修剪多余枝条；另一方面，剪掉冬季花蕾。抗病力强，主要有白蚁危害根部，尺蠖危害叶和花蕾。

宽药青藤

Illigera celebica Miq.

莲叶桐科（*Hernandiaceae*）青藤属（*Illigera*）

◆ 识别特征

常绿藤本。茎具沟棱，指状复叶 3 小叶；小叶卵形至卵状椭圆形，纸质至亚革质，亮绿色有光泽，长 6～15cm，两面光滑无毛，先端微突渐尖，基部圆形至亚心形，侧脉 4～5 对，网脉两面显著；小叶柄长 1～2cm，无毛。聚伞花序组成的圆锥花序腋生，排列较疏，长约 20cm。小苞片小，绿白色，花萼管长 3mm，顶端缢缩，无毛；萼片 5，椭圆状长圆形，长 5～6mm，被柔毛，具透明腺点；花瓣白色，长圆形，长 4.5mm，具透明腺点，被短柔毛；雄蕊 5，花丝在花芽中围绕花药卷曲，花开后长出花瓣 2 倍以上，扁平，被短柔毛，附属物卵球形，被花丝所覆盖，具柄；子房下位，四棱形；花柱长 2.5mm，被柔毛，柱头波状扩大成鸡冠状，花盘上腺体 5，球形。果具 4 翅，径 3～4.5cm。

◆**季相变化及物候**：花期 4～9 月，果期 6 月～11 月。

◆**产地及分布**：产我国云南东南部的屏边、金平、河口等，南部的景洪、勐仑、勐腊、大勐仑、易武等海拔 300～1300m 密林或疏林中，分布于广西、广东及沿海岛屿。越南、泰国、柬埔寨、菲律宾、印度尼西亚及马来西亚也有分布。

◆**生态习性**：阳性或中性植物。喜光，稍耐阴，喜温暖湿润的气候条件和肥沃排水良好的酸性土壤。

◆**园林用途**：是垂直绿化的优质材料，可用于建筑的阳台、公园绿地、小区或单位等的花架、棚架垂直绿化，丰富绿化的立面空间层次。

◆**观赏特性**：藤长叶茂，盘根错节，攀附于棚架上形成浓密的叶幕，春夏季绿叶间开出红白色小花，色彩柔和，远望星星点点，似繁星洒满枝头。

◆**繁殖方法**：尚未见报道。

◆**种植技术**：尚未见报道。

珊瑚藤

Antigonon leptopus Hook. & Arn.

蓼科（*Polygonaceae*）珊瑚藤属（*Antigonon*）

▸ 识别特征 ◂

常绿木质藤本。地下根为块状，茎先端呈卷须状。单叶互生，呈卵状心形；开花后的珊瑚藤叶基部为心形，叶全缘但略有波浪状起伏；叶纸质，具叶鞘。圆锥花序与叶对生，花淡红色或白色，长7～10mm，外面的三枚花被片较大。果褐色，呈三菱形，藏于宿存萼片中。

◆季相变化及物候：花期 3 ～ 12 月。

◆产地及分布：原产墨西哥，我国台湾、云南南部、海南及广州、厦门常见栽培。

◆生态习性：阳性树种。性喜湿润，高温，生长最适温约 22 ～ 30℃；对土壤要求较不严格，一般肥力中等土壤均能生长茂盛，但以土质以肥沃之壤土或腐植质壤土最佳。

◆园林用途：用于庭院、公园绿地的园林棚架，景墙，独具点缀的美感。

◆观赏特性：虬屈盘结，枝叶繁茂，绿样别有情趣。

◆繁殖方法：可用播种或扦插繁殖，但以播种为主。1、播种繁殖：春至夏季为适期，发芽适温约 22 ～ 28℃。播种前先将种子浸水 4 ～ 6h，珊瑚藤使之充分吸水，再浅埋于土中约 1cm，保持湿度，约经 30 天能发根。由于不耐移植，最好直播、盆播、营养袋播为佳。2、扦插繁殖：春季为珊瑚藤扦插适期，剪健壮枝条，每段约 15 ～ 20cm。摘去下部叶片，只留上部 2、3 片

叶，插于泥炭土和粗沙等量混合后的培养土中，浇足水，再用塑料袋罩住花盆，放于半阴下，15～20天即可生根。新叶长出后就可移栽但发根率及生育不如播种理想。

◆**种植技术**：生长期间应充分浇水，经常保持土壤湿润，在夏季高温季节要向叶面喷水。休眠期内要少浇水，只要土不干掉即可。夏季最好要进行遮阴，但每天至少要有3～4h的直射光照。如果生长环境处太阴湿，则易造成植株徒长，开花稀疏，色淡且小。生长期需肥较多，每7～10天需施1次25%的沤熟饼肥。当花现蕾时，则要多施磷、钾肥。这样可使茎干坚挺。花色更加鲜艳。如果想要使珊瑚花长成灌丛状，那么在生长初期必须通过多次摘心，促其多分枝，从而可使株形丰满。

红花西番莲

Passiflora coccinea Aubl.

西番莲科（*Passifloraceae*）西番莲属（*Passiflora*）

识别特征

多年生常绿或半落叶藤本。幼茎近圆形，老茎三棱形。叶互生，长卵形。花单生于叶腋，花瓣长披针形，先端微急尖，稍外向下垂，红色；开花时晨展夜闭，每朵花持续1～2天，副花冠3轮，最外轮较长，紫褐色并散布有斑点状白色，内两轮为白色。果卵圆形。

◆**季相变化及物候**：花期 2～10，果期 9～12 月。

◆**产地及分布**：原产巴西南部，巴拉圭和阿根廷等地。我国主要分布在云南、福建、海南、广东、江西、四川、重庆等地。

◆**生态习性**：性喜高温多湿、生育适温约 22～30℃，喜光照充足，温暖湿润的环境，不耐霜寒，忌水湿。除重粘土外，各种土壤均适宜。

◆**园林用途**：适宜热带、亚热带地区作为篱垣、廊架装饰，或作支架造型；适于庭院、花廊、花架、花墙以及栅栏的美化、观赏；家庭种植也有较高的观赏价值。

◆**观赏特性**：茎枝蔓援，叶片掌裂，花朵形与色十分殊雅妍丽，被称为陆地上的莲花，是园林中一种奇特的观花植物。

◆**繁殖方法**：播种或扦插均可繁殖。1、播种繁殖：种子发芽适宜温度为 18～21℃，通常春季播种，发芽迅速。2、扦插繁殖：选取健壮茎段长 8～10cm，每段具 2、3 节，插于 16～18℃泥炭与砂等量配置的插床中，保持湿度，容易生根。栽培土宜选择腐殖质多的砂壤土，肥力中等。

◆ 种植技术：整理种植场地，挖定植穴深 50cm，宽 60cm，每穴深施杂草或有机肥 15 ～ 25kg，覆土备用。春、夏、秋三个季节均可定植，以春、秋两季为好。定植时适当剪除老叶，营养袋要破袋取出，不能埋入土中。定苗时用适量腐熟有机肥与砂壤土拌匀，作定植土或盖土。理顺根系，分层填土，踏紧压实。栽后及时浇根水。新挖的定植穴，栽时苗根颈略高出地平面 8 ～ 10cm。栽后理出树盘，并覆盖 50cm×50cm 的小块薄膜。

使君子

Quisqualis indica L.

使君子科（*Combretaceae*）使君子属（*Quisqualis*）

识别特征

常绿攀援状藤本。小枝被棕黄色短柔毛。叶对生或近对生，叶片膜质，卵形或椭圆形，长 5 ～ 11cm，宽 2.5 ～ 5.5cm，先端短渐尖，基部钝圆，表面无毛，背面有时疏被棕色柔毛，侧脉 7、8 对；叶柄长 5 ～ 8mm。顶生穗状花序，组成伞房花序式；花瓣 5，初为白色，后转淡红色。果卵形，具明显的锐棱角 5 条。

◆**季相变化及物候**：花期初夏，果期秋末。

◆**产地及分布**：主产于我国福建、台湾（栽培）、江西南部、湖南、广东、广西、四川、云南、贵州。分布于印度、缅甸至菲律宾。

◆**生态习性**：阳性植物。喜温湿气候，怕霜冻，耐荫蔽。生长条件以向阳、逼疯，土壤深厚、肥沃和湿润的砂质土为佳。

◆**园林用途**：适宜栽种在公园绿地、道路、庭院，做灌木或攀援植物栽培。

◆**观赏特性**：花呈长漏斗状，花瓣五角星形，花色艳丽多变，香气浓郁，叶绿光亮，果实多菱形，为华南和西南地区优良的垂直绿化植物和园林观赏的好材料。

◆**繁殖方法**：种子、扦插或压条繁殖。1、播种繁殖：于8～9月果实完全成熟时进行，随采随播，或用湿砂贮藏至翌年2～3月再播种。播前用40～50℃温水浸种1～1.5天或剪破果实尖端的果皮，再用冷水浸种1天。播后覆盖一层2cm左右厚的细土，浇水。播一个月后即能出苗。2、插繁殖：选用分枝和根，枝插在2～3月或9～10月间进行。根插法和分株法于冬末春初进行。把分枝剪下或根挖出后，剪成12～15cm长一段，斜插在苗床里，浇水、管理。3、压条繁殖：在2～3月间，将藤枝拉至地面，每隔15cm，挖一铲土，压埋一段藤条，待藤条被埋部位的节上长出根，根长10cm时再挖出剪断，植入苗床育苗。

◆**种植技术**：宜选择在土层深厚、肥沃，光照充足的地方种植。挖穴施厩肥与土混匀，每穴栽苗1株，栽后浇定根水。定植后1～2年，经常中耕除草，每年追肥2、3次。进入结果期后，于萌芽时及采果后各追肥1次。每年春、秋两季，各追施堆肥或厩肥一次，培土。每年早春剪去枯萎枝和过密枝。

红萼苘麻（蔓性风铃花、悬风铃花、巴西苘麻、灯笼风铃）

Abutilon megapotamicum St. Hil. et Naudin

锦葵科（*Malvaceae*）苘麻属（*Abutilon*）

识别特征

　　常绿木质藤本。分枝多，枝纤细柔弱；单叶互生，有细长叶柄；叶绿色，长 5 ～ 10cm，心形，端尖，缘有钝齿，有时分裂。花生于叶腋，具细长花梗，下垂，花冠状如风铃，萼心形灯笼状，红色，长约 2.5cm，半覆花瓣，前端 5 裂。花瓣 5，黄色，长约 4cm，不开展；雄蕊柱长，伸出花瓣约 1.3cm，雄蕊侧生和顶生，多数，花药深棕色。

◆ **季相变化及物候**：终年常绿，花期全年。

◆ **产地及分布**：原产南美洲的阿根廷、巴西及乌拉圭。全世界，尤其是热带及亚热带地区种植普遍。我国云南、广东、台湾、福建、广西、四川等省区有栽培。

◆ **生态习性**：喜温暖湿润和阳光充足的环境，也耐半荫，不耐寒，也不耐旱，适宜在疏松透气、富含腐殖质的土壤中生长；花期长，在气温 15 ～ 20℃条件下，全年开花不断。

◆**园林用途**：多用于观花绿篱。用来美化篱笆或庭院；在南方多散植于池畔、亭前、道旁和墙边，盆栽适用于客厅和入口处摆设。

◆**观赏特性**：有细长的花梗，花朵下垂，红色的萼片包裹着闭合的黄色花瓣，而伸出的棕色花蕊则像灯笼的穗子，整朵花好像一个个色彩娇艳、自然别致的小灯笼，鲜艳夺目，神秘而可爱。

◆**繁殖方法**：扦插或压条繁殖。扦插繁殖：雨季扦插，选一年生半木质化健壮枝条，剪成 10～15cm，将下部叶片剪除，上部每一片叶剪去 1/2，扦插距离以插穗的叶片互不接触为准，一般约 4cm 左右，深度可约 3～5cm。插后宜遮阴，并盖塑料薄膜保湿，约 1 个月可生根。

◆**种植技术**：栽培土宜选疏松、肥沃的砂质壤土，每年早春至秋进行为宜。栽植株距应根据栽植苗的大小而定，一般 0.5m×0.5m 为宜。为了保持树型优美，着花量多，可于早春栽植前后进行修剪促发侧枝，剪修可促使发新枝，长势旺盛，株形丰满。修剪后适当节制水肥。春夏生长旺季要加强肥水。每隔 7～10 天施一次稀薄液肥，水分见干见湿。秋季后期少施肥，以免抽发秋梢，秋梢组织幼嫩，抗寒力弱。不耐霜冻，越冬温度要求不低于 5℃。红萼苘麻为软木质藤蔓状灌木，需应设立支架供其攀爬，或依附墙体、棚架生长。

风筝果（风车藤、狗角藤）

Hiptage benghalensis （L.） Kurz

金虎尾科（*Malpighiaceae*）风筝果属（*Hiptage*）

识别特征

攀援大藤本，长可达 30m，有时呈灌木状。幼嫩部分和总状花序密被淡黄褐色或银灰色柔毛；老枝无毛，锈红色或暗灰色，具浅色皮孔。叶片革质，长圆形、椭圆状长圆形或卵状披针形，长 9～18cm，宽 3～7cm，先端渐尖，基部阔楔形或近圆形，背面常具 2 腺体，全缘，幼时淡红色，被短柔毛，老时变绿色，无毛，主脉及侧脉两面均稍突起；叶柄上面具槽。总状花序腋生或顶生，长 5～10cm，被淡黄褐色柔毛，花梗密被黄褐色短柔毛，中部以上具关节，具小苞片 2 枚，钻状披针形；花芽球形；花大，直径 1.5～2.5cm，极芳香；萼片 5，阔椭圆形或卵形，先端圆形，外面密被黄褐色短柔毛，具 1 粗大长圆形腺体，一半附着在萼片上，一半下延贴生于花梗上；花瓣白色，基部具黄色、淡黄色或粉红色斑点，圆形或阔椭圆圆形，内凹，先端圆形，基部具爪，边缘具流苏，外面被短柔毛；雄蕊 10，花丝基部合生，花药椭圆形；花柱拳卷状。翅果果核被短绢毛，中翅椭圆形或倒卵状披针形，顶端全缘或微裂，侧翅披针状长圆形，背部具三角形鸡冠状附属物。

◆ **季相变化及物候**：花期 2～4 月，果期 4～7 月。

◆ **产地及分布**：产我国西南至东南部的云南、福建、台湾、广东、广西、海南、贵州等地；生于海拔 200～1900m 的沟谷密林、疏林中或路旁灌丛中，也栽培于园庭观赏。印度、锡金、孟加拉、中南半岛、马来西亚、菲律宾和印度尼西亚有分布。

◆ **生态习性**：中性到阳性植物，喜光稍耐荫。喜温暖湿润气候，不耐寒，喜酸性土壤。

◆ **园林用途**：常用于花架，或攀爬于树干上。

◆ **观赏特性**：香花植物，闻香、观花、观果。果具翅，下落时随风转动，似摇曳的风车和飞舞的蝴蝶，趣味横生。

◆ **繁殖方法**：播种或扦插繁殖。1、播种繁殖：种子自播能力强，按常规方法播种即可。2、扦插繁殖：选取半木质化或已木质化当年生枝条约长 15cm，插入素土或河沙 1/3，遮阴，生根后逐渐增加光照。

◆ **种植技术**：管理要求不高，粗放管理即可，对土壤要求不严，以排水良好的砂壤至壤土为好。

榼藤（过江龙、榼藤子、榼子藤、牛肠麻、牛眼睛、眼镜豆、鸭腱藤）

Entada phaseoloides （Linn.） Merr.

含羞草科（*Mimosaceae*）**榼藤（榼子藤）属**（*Entada*）

识别特征

常绿木质大藤本。茎常扁平，左右扭旋。2回羽状复叶，长 10～25cm，叶柄长 2cm，叶轴长 6.5cm；羽片 3 对，顶生 1 对羽片变为卷须；小叶 2～4 对，对生，革质，椭圆形至卵状椭圆形，歪斜，长 4～10cm，宽 2～5.5cm，先端钝，微凹，基部略偏斜，主脉稍弯曲，主脉两侧的叶面不等大，网脉两面明显，稍弯曲。穗状花序长 13～25cm，被柔毛；花萼长 0.8～1mm，钟形，无毛；花瓣长约 3mm，椭圆状披针形，顶端尖；基部稍连合；雄蕊稍长于花冠；花药顶端具腺体，子房无毛，具短柄，花柱丝状。大型荚果扁平，扭曲，木质，可长达 1m，宽 8～12cm，为豆科植物中最大型者，种子近圆形，扁平，暗褐色，成熟后种皮木质，坚硬如石，逐节脱落，每节内有 1 粒种子，棕褐色，有光泽。

◆**季相变化及物候**：花期 3～6 月；果期 8～11 月。

◆**产地及分布**：产我国云南的金平、屏边、河口、文山、西畴等地，生于海拔 700～1300m 的常绿阔叶林内，贵州西南部、广西、广东、福建、台湾有分布。越南北部、菲律宾至大洋洲也有分布，东半球热带其他地区也有分布。生于山涧或山坡混交林中，攀援于大乔木上。

◆**生态习性**：阳性植物。喜光，喜高温、湿润的气候条件、向阳、排水良好，土质酥松的地块，生长适宜温度 20 ～ 30℃。

◆**园林用途**：庭院假山石上或攀援棚架、篱墙、荫棚、大型花架、绿廊、，也可攀附于建筑物、围墙、陡坡等。

◆**观赏特性**：枝叶茂密，终年常绿 ，荚果长、巨大，果荚扭曲生长呈圆圈状，似巨大的眼睛，果形奇特，观赏价值极高。

◆**繁殖方法**：播种法，春季为适期。

◆**种植技术**：土壤以壤土为佳。春、夏季施肥 2、3 次。早春修剪整枝，植株老化则在冬末重剪促发新枝。

素心花藤（橙羊蹄甲藤）

Bauhinia kockiana Korth.

樟科（*Lauraceae*）山胡椒属（*Lindera*）

识别特征

常绿木质藤本，枝长可达 5m 以上。单叶互生，长卵或是长椭圆形叶，叶片有的 2 裂状，托叶大型明显，叶基切截状或浅心形，三出脉，叶脉由叶端通至叶基，叶端钝具有短尾尖，全缘，革质，叶面光滑无毛。短总状或伞房花序顶生，花由开至谢会呈现橙红、桃红或是黄色等；花瓣 5，圆形至卵形，花瓣两端圆形，瓣缘波皱状，具有明显的瓣柄。果为荚果。

◆**季相变化及物候**：花期 3 ～ 9 月，盛花期在夏季。

◆**产地及分布**：我中国南部、马来半岛、苏门达腊、印尼和澳洲均有分布，世界热带、亚热带地区广泛栽培观赏。

◆**生态习性**：阳性植物，喜强光照。性喜高温、湿润的气候条件，生长适宜温度 23 ～ 32℃。耐热、耐旱，不耐寒，冬季需温暖避风越冬。喜土层深厚、肥沃、排水良好的偏酸性砂质壤土。

◆**园林用途**：宜在公园绿地、单位、小区、学校等应用，适于栽植装饰拱门、花架、篱墙、荫棚等。

◆**观赏特性**：花由开至凋谢会呈现橙红、桃红或黄色等颜色，艳丽多姿。装饰效果极佳。

◆**繁殖方法**：扦插或高空压条繁殖，雨季进行最佳。1、扦插繁殖：剪取当年生半木质化枝条长 15 ～ 20cm，保留上部两片叶，斜插 2/5，遮阴保湿，生根后逐渐增加光照。2、高空压条繁殖：选健壮枝条长 25 ～ 30cm，环割约 2cm，包拳头大的素红土泥球，用塑料薄膜包扎严密，见根即剪离母株栽培。

◆种植技术：栽培介质以壤土或轻壤土为佳。春、夏季施肥 2、3 次。冬末春初修剪整枝，枝条老化则需重剪促发新枝进行更新复壮。

196

云南羊蹄甲

Bauhinia yunnanensis Franch.

苏木科（*Caesalpiniaceae*）羊蹄甲属（*Bauhinia*）

识别特征

常绿藤本。卷须成对；叶膜质或纸质，阔椭圆形，全裂至基部，弯缺处有一刚毛状尖头，基部深或浅心形，裂片斜卵形，长 2 ～ 4.5cm，宽 1 ～ 2.5cm，两端圆钝，上面灰绿色，下面粉绿色，具 3、4 脉。总状花序顶生或与叶对生，长 8 ～ 18cm，有10 ～ 20 朵花；花直径 2.5 ～ 3.5cm；萼簪二唇形；花瓣淡红色，匙形，长约 17mm。荚果带状长圆形，扁平，长 8 ～ 15cm。

◆**季相变化及物候**：花期5～8月，果期10～11月。

◆**产地及分布**：产我国云南、四川和贵州。

◆**生态习性**：阳性树种。喜阳光和温暖、潮湿环境，不耐寒。宜湿润、肥沃、排水良好的酸性土壤。

◆**园林用途**：可作为棚架、门廊、垣墙和绿篱的垂直绿化，尤其适合小绿化空间作点缀。

◆**观赏特性**：叶型奇特，花色淡雅，是羊蹄甲中唯一一种极具观赏价值的藤本植物。

◆**繁殖方法**：可采用播种、空中压条或扦插繁殖。在春暖期间选取粗壮枝条，以 15 ～ 20cm 为一段，切口蘸些生根粉，然后斜插于湿润的砂床中，一般 20 ～ 30 天开始生根长叶，待新枝长至 20cm 高时可移植，并要用竹竿扶持或用网架引导其攀援向上，达到一定高度后进行 1、2 次摘心，促使其产生更多的枝条和多开花。

◆**种植技术**：管理粗放，应注意树形出现偏长时应及时立柱加以扶正，幼树时期要作修剪整形。有白蛾蜡蝉、蜡彩袋蛾、茶蓑蛾、棉蚜等危害。

网络鸡血藤（网脉崖豆藤）

Callerya reticulata (Benth.) Schot.

蝶形花科（*Papilionaceae*）鸡血藤属（*Callerya*）

识别特征

常绿木质藤本。小枝圆形，具细棱，初被黄褐色柔毛，老枝褐色。羽状复叶长 10 ～ 20cm，上面有狭沟；托叶锥刺形，叶腋有多数钻形的芽苞叶，宿存；小叶 3、4 对，硬纸质，卵状长椭圆形或长圆形，长 3 ～ 8cm，先端钝，渐尖，或微凹缺，基部圆形，侧脉二次环结，细脉网状，两面均隆起，小托叶针刺状，宿存。圆锥花序顶生或着生枝梢叶腋，长 10 ～ 20cm，常下垂，基部分枝，花密集，单生于分枝上，花长 1.3 ～ 1.7cm；花萼阔钟状至杯状，长 3 ～ 4mm，花冠红紫色，旗瓣无毛，卵状长圆形，基部截形，瓣柄短，翼瓣和龙骨瓣均直，略长于旗瓣；雄蕊二体，花盘筒状；子房线形，胚珠多数。荚果线形，狭长，长约 15cm，扁平，瓣裂，果瓣薄而硬，近木质。种子 3 ～ 6 粒，长圆形。

◆**季相变化及物候**：花期 5 ～ 7 月，果期 10 ～ 12 月。

◆**产地及分布**：产我国云南西双版纳、富宁等地；生于海拔 1000m 以下的山地灌丛及沟谷。分布于我国贵州、四川、广西、广东、海南、湖北、湖南、江西、江苏、安徽、浙江、福建、台湾。越南北部也有。

◆**生态习性**：阳性植物，喜光也耐半阴，喜温暖湿润的气候条件，不耐寒冷。对土壤不择，但以疏松肥沃、排水良好的酸性土壤为佳。

◆**园林用途**：覆盖土坡、石山，或用于高层建筑的阳台作垂直绿化。宜植于庭院、公园绿地作栅架，花门、花墙和栅栏等垂直绿化，也可用大盆栽植，置于花棚、花架、茶座、露天餐厅、庭院门首等处。

◆**观赏特性**：大型藤本植物，枝条缠绕多姿，叶大而翠绿，圆锥花序顶生，春夏季成簇的紫色花朵覆于绿叶之上，高雅艳丽，即可赏花观叶又能观果。

◆**繁殖方法**：采种后砂藏两个月，春播，播前用 80℃温汤浸种后播，当年苗可高达 80cm。次年春移栽一次。也可夏季扦插。

◆**种植技术**：尚未见报道。

紫藤（藤花、纹藤、葛花）

Wisteria sinensis（Sims.）Sweet.

蝶形花科（*Papilionaceae*）**紫藤属**（*Wisteria*）

识别特征

　　落叶藤本。嫩枝暗黄绿色密被柔毛，冬芽扁卵形，密被柔毛。一回奇数羽状复叶互生，有小叶7～13枚，卵状椭圆形，先端长渐尖或突尖，叶表无毛或稍有毛，叶背具疏毛或近无毛，小叶柄被疏毛。侧生总状花序，长达30～35cm，呈下垂状，总花梗、小花梗及花萼密被柔毛，花紫色或深紫色，花瓣基部有爪，雄蕊10枚。荚果倒披针形，长10～15cm，密被绒毛，悬垂枝上不脱落，有种子1～3粒；种子褐色，具光泽，圆形，宽1.5cm，扁平。

◆**季相变化及物候**：棚架观花类，花期3～4月，果期9～10月。

◆**产地及分布**：产自我国华北、西北东部至长江流域，现辽宁、内蒙古、河北、河南、江西、山东、江苏、浙江、湖南、湖北、陕西、甘肃、四川、贵州、云南等地均有分布。各地均有栽培。

◆**生态习性**：对气候和土壤的适应性强，较耐寒，能耐水湿及瘠薄土壤，喜光，较耐阴。以土层深厚，排水良好，向阳避风的地方栽培最适宜。主根深，侧根浅，不耐移栽。生长较快，寿命很长。

◆**园林用途**：应用于园林棚架，春季紫花烂漫，别有情趣，适栽于湖畔、池边、假山、棚架、石坊等处，具独特风格，盆景也常用。

◆**观赏特性**：紫藤枝虬屈盘结，姿态优美，枝叶茂盛，开花繁多，串串花序悬挂于绿叶藤蔓之间，别有情趣。

◆**繁殖方法**：可用播种、分株、压条、扦插或嫁接等繁殖。春季播种或扦插，压条于休眠后至生长前期进行；以原种为砧木，枝接、根接均可。

◆**种植技术**：春季芽萌动前进行移栽种植，移植时要扩大挖掘范围，多保留侧生根，工具要锋利，尽量保持根系完整，最好带土球进行。定植后少修剪，人工诱导，让枝蔓均匀爬满棚架，并绑扎。生长期增施磷钾肥可促进开花。花后将中部枝条留 5、6 个芽短截，并修剪弱枝；休眠期适当修剪过密枝、细弱枝、病残枝即可。

薜荔（凉粉子、木莲、凉粉果、冰粉子、鬼馒头、木馒头、水莲、膨泡树、凉粉藤）

Ficus pumila

桑科（*Moraceae*）**榕属**（*Ficus*）

┌─ **识别特征** ─

攀援木质藤本。叶两型，不结果枝节上生不定根，叶卵状心形，长约 2.5cm，薄革质，基部稍不对称，尖端渐尖，叶柄很短；结果枝上无不定根，革质，卵状椭圆形，长 5～10cm，先端急尖至钝形，基部圆形至浅心形，全缘，上面无毛，背面被黄褐色柔毛，基生叶脉延长，网脉 3、4 对，在表面下陷，背面凸起，网脉甚明显，呈蜂窝状；托叶 2，披针形，被黄褐色丝状毛。榕果单生叶腋，瘿花果梨形，雌花果近球形，直径 3～5cm，顶部截平，略具短钝头或为脐状凸起，基部收窄成一短柄，基生苞片宿存，三角状卵形，密被长柔毛，榕果幼时被黄色短柔毛，成熟黄绿色或微红；雄花生于榕果内壁口部，有柄，花被片 2、3，线形，雄蕊 2 枚，花丝短；瘿花具柄，花柱侧生；雌花生另一植株榕果内壁，花柄长。瘦果近球形，有粘液。

◆**季相变化及物候**：花期 4～5 月，果期 6～10 月。

◆**产地及分布**：广泛分布我国云南东南部及长江以南地区。日本、越南北部也有分布。垂直分布海拔 50～800m，无论山区、丘陵、平原，在土壤湿润肥沃的地块都有零星野生分布，多攀附在村庄前后、山脚、山窝以及沿河沙洲、公路两侧的古树、大树上和断墙残壁、古石桥、庭院围墙等。

◆**生态习性**：中性至阳性植物。喜向阳至半阴环境。性喜高温、湿润，生长适宜温度 20～32℃，薜荔耐贫瘠，抗干旱，对土壤要求不严，适应性强。

◆**园林用途**：攀附树干、墙面、树上、岩石。

◆**观赏特性**：薜荔叶质厚，深绿发亮，枝叶宽展，秋叶金黄、寒冬不凋，绮丽悦目，别有风趣。尤其攀爬于墙面上，郁郁葱葱，可增强自然情趣。

◆**繁殖方法**：播种或扦插繁殖。1、播种繁殖：果实采摘后堆放待软熟后用刀切开取出瘦果，用纱布包扎成团放入水中搓洗，用手挤捏滤去肉质糊状物取子，种子阴干贮藏至翌年春播。2、扦插繁殖：雨季为佳，扦插基质选素红土、泥炭为佳，也可水插法，选一年生半木质化枝条，结果枝插条长 12～15cm，营养枝长 20cm，结果枝留叶 2、3 片，斜插于土内，深度为插条长的 1/3，透光度为 50% 的遮阴网遮阴，保湿保温。

◆**种植技术**：栽培基质以砂质土壤为佳。种植苗株要靠近墙壁或岩石，使藤蔓吸附生长。春季修剪整枝，把未吸附壁上之藤蔓剪短，避免拉扯掉落。

地石榴（地果、地瓜榕、地瓜）

Ficus tikoua Bur.

桑科（*Moraceae*）榕属（*Ficus*）

识别特征

匍匐木质藤本。茎上生细长不定根，节短，膨大；幼枝偶有直立。叶坚纸质，倒卵状椭圆形，先端急尖，基部圆形至浅心形，边缘具疏浅圆锯齿，叶面深绿色，疏生短刺毛，背面浅绿色，沿脉有细毛。榕果成对或成簇生于匍匐茎上，常埋于土中，球形至圆卵形，直径 1～2cm，基部收缢成柄，成熟时红色，表面散生圆形瘤点。花雌雄异株，雄花和瘿花生于同一榕果内；无花被或花被短于子房，子房为粘膜包围。

◆ **季相变化及物候**：果期 7～8 月。

◆ **产地及分布**：产于我国云南、西藏、四川、贵州、广西、湖南、湖北、甘肃、陕西等地，生于荒地草坡或岩缝中；印度、越南、老挝也有分布。

◆ **生态习性**：喜光照，稍耐寒，耐旱性强，耐瘠薄，不择土壤。

◆ **园林用途**：适于公园绿地、庭院绿地作地被观赏，四季常绿，不需修剪。也适合应用于岩石园、假山、陡坎、边坡等处。

◆ **观赏特性**：地石榴是生命力最为顽强的地被植物之一，叶片椭圆形，色泽明亮，四季常绿，与不同的乔灌木或地被植物配置能营造出不同的景观。

◆ **繁殖方法**：扦插繁殖。每年的 2 月后从植株上剪取 2～3 年生枝条作插穗，每段长10～15cm，留 2、3 个芽，不留叶片，下切口距芽 1.5cm 左右。基质配比为红壤土、腐殖土和珍珠岩的比例为 7:2:1 河砂或素红壤。用 12cm×12cm 育苗袋做成苗床，遮阴网遮阴，温度保持在12～28℃，湿度 60%～80%，插穗 2/3 入土，上口用湿泥封口，土壤保持潮湿，3 个月后即可成活。

◆**种植技术**：地石榴栽种前整地，挖翻 25 ～ 35cm 深，敲碎土块，拣净石头等杂物，施入有机肥以促进地石榴加快生长。一般 2 ～ 4 月上旬气温升高后是栽种的最好时期，最好选阴天。采用沟栽或穴栽，按株行距各约 30 ～ 35cm 开穴栽植，栽后覆土压实，并浇定根水。可以直接扦插栽培在需要绿化的地点，栽时，翻整土地，按株行距 15cm×15cm 开穴，每穴扦插 2、3 枝，顶端 2 节要露出土面，填土压紧，再盖土与地面齐平，浇水。

锦屏藤（蔓地榕、珠帘藤、一帘幽梦、富贵帘、面线藤、珠帘藤、红丝线）

Cissus sicyoides L.

葡萄科（*Vitaceae*）白粉藤属（*Cissus*）

◉ 识别特征

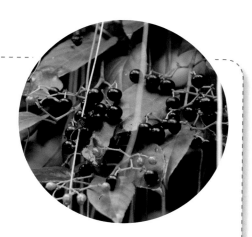

　　多年生常绿草质藤蔓植物。具卷须，茎蔓草质柔韧，呈扁形或圆柱形，嫩茎青绿色，表皮光滑油亮，老茎蔓呈灰白色，表皮粗糙，主蔓粗度达 2～3cm，蔓长 10～15m；气生根线形，着生于茎节处，每节可长出 5～7 条气生根，初生气根紫红色，质地光滑脆嫩，长度可达 3～4m 或更长，下垂生长。单叶互生，叶色深绿，阔卵形，叶尖渐尖，叶基心形，叶缘微具钝齿，齿凹处有不明显软刺；叶柄绿色，叶脉为羽状脉，叶面平展。多歧聚伞花序，着生于侧蔓且与叶片对生，花小，呈白绿色，两性花。花冠为十字形，花盘杯状，萼片 4 枚，基部合生，花瓣与萼片同数，雄蕊与花瓣对生，下位子房。果形圆形，浆果成熟时紫黑色。

◆ **季相变化及物候**：夏季至秋季开花，花期 8～10 月，果期 10～12 月。

◆ **产地及分布**：原产地为热带美洲，我国南方云南广西、广东、海南、台湾等热带亚热带地区有栽培。

◆ **生态习性**：喜阳植物，喜光，耐旱，耐高温，也稍耐阴。喜向阳、排水良好的土壤环境。生命力强，气根入地生根。生育适温 22～30℃。冬季低于 10℃ 要防寒。

◆ **园林用途**：垂直绿化造景植物。适宜在庭院、公园绿地等作绿廊、篱架、花架、荫棚、阳台隔帘、隔墙或护栏、铁丝网处等观赏栽培。

◆ **观赏特性**：锦屏藤能从茎节处长出细长红褐色的气生根，悬挂于棚架下、风格独具，一段时间后转为黄绿色，因此整串气根上、下颜色不同，更富情趣。

◆ **繁殖方法**：组培、播种繁殖，极易成活。锦屏藤具气生根，用扦插、压条、水培方式进行繁殖极易生根，成苗快。

◆**种植技术**：每隔 2 ～ 3m 挖 1 个深宽各 0.5m 的定植坑，定植坑底部放入有机肥作为基肥，表土回填并与上层的有机肥拌均匀。每坑定植 1、2 株，定植后浇足定根水并覆盖保持湿润。成活后留主蔓 20 ～ 30cm 长进行摘心，促发侧蔓，侧蔓长成后选留 3、4 条牵引固定，此后依次进行摘心、引蔓、绑扎，直至藤蔓及绿叶铺满棚架架纵侧面为止。短截气生根可分生多条侧根，冬季将枯枝、病虫枝、过长过密枝剪除，保持景观美观整洁。浇水根据降雨情况而定，保持土壤湿润为原则。每 2 ～ 3 个月施一次薄肥。

三叶地锦（三叶爬山虎）

Parthenocissus semicordata（Wall. ex Roxb.）Planch

葡萄科（*Vitacvae*）**地锦属**（*Parthenocissus*）

识别特征

　　落叶藤本。掌状复叶具 3 小叶，中央小叶窄椭圆形至菱状椭圆形，具小叶柄，长 6 ～ 12cm，侧生小叶小而近无小叶柄，端渐尖，基楔形，下面常被褐色短柔毛，缘具稀浅齿。花序多生短枝顶。浆果黑褐色，球形，径约 6mm。

◆**季相变化及物候**：花期 6 月，果期 10 月。

◆**产地及分布**：产我国云南陇南、四川、西藏东南、滇西北、贵州、湘西、鄂西、豫西南及陕西等地。

◆**生态习性**：适应性强，既耐寒，又耐热。耐贫瘠、干旱、耐荫、抗性强，栽培管理比较粗放。入冬后疏理枯枝，早春施以薄肥，可促进枝繁叶茂。

◆**园林用途**：蔓茎纵横，密布气根，翠叶遍盖如屏，秋后入冬，叶色变红或黄，十分艳丽。是垂直绿化主要树种之一。适于配植宅院墙壁、围墙、庭院入口处、桥头石块等处。

◆**观赏特性**：主要观赏叶片，夏季绿如湖水，秋季红艳似火。

◆**繁殖方法**：播种、扦插或压条繁殖。以扦插繁殖为主，生根容易，老枝扦插从落叶后至萌芽前均可进行。以生长期扦插成活率高。播种繁殖于 10 月采种，种子湿砂贮藏，可冬季或翌年春播。

◆**种植技术**：栽植在秋冬落叶后或春季发芽前进行，但以春季移栽较好。初期需适当浇水和防护，以避免意外损伤。房屋、楼墙根或院墙根处种植，应离基50cm挖坑，株距一般以1.5m为宜。初期采用人工辅助手段将主蔓引向攀附物体。移植时对枝蔓留数芽后进行重短截以促进更多枝蔓生长。成活后管理简单，落叶修剪枯死、病虫和衰老枝蔓，促进枝蔓均匀生长。

常春藤（爬树藤、爬墙虎、三角枫、牛一枫、山葡萄、三角藤、爬崖藤）

Hedera nepalensis K. Koch var. *sinensis* （Tobl.） Rehd.

五加科（*Araliaceae*）常春藤属（*Hedera*）

▶ 识别特征

　　常绿攀援藤本。茎长 3 ～ 20m，灰棕色或黑棕色，有气生根；一年生枝疏生锈色鳞片，鳞片通常有 10 ～ 20 条辐射肋。叶片革质，在不育枝上通常为三角状卵形或三角状长圆形，稀三角形或箭形，先端短渐尖，基部截形，稀心形，边缘全缘或 3 裂，花枝上的叶片通常为椭圆状卵形至椭圆状披针形，略歪斜而带菱形，先端渐尖或长渐尖，基部楔形或阔楔形，全缘或有 1 ～ 3 浅裂，上面深绿色，有光泽，下面淡绿色或淡黄绿色，侧脉和网脉两面均明显；叶柄细长，有鳞片，无托叶。伞形花序单个顶生，或 2 ～ 7 个总状排列或伞房状排列成圆锥花序，有花 5 ～ 40 朵；通常有鳞片；苞片小，三角形，花淡黄白色或淡绿白色，芳香；萼密生棕色鳞片，边缘近全缘；花瓣 5，三角状卵形，长 3 ～ 3.5mm，外面有鳞片；子房 5 室；花盘隆起，黄色。果实球形，红色或黄色。

◆ **季相变化及物候**：花期 6 ～ 8 月，果期翌年 11 ～ 12 月。

◆ **产地及分布**：原产于我国，分布于亚洲、欧洲及美洲北部，在我国主要分布在秦岭以南的云南、西藏、四川、贵州、广西、广东、福建、江西、湖南、湖北、浙江、江苏、安徽、河南、山东、甘肃、陕西等地。常生于东部低海拔至西部海拔 3500m 以下山地。

◆ **生态习性**：中性至阴性植物。性喜温暖的环境，极耐阴，忌阳光直射，但喜光线充足，较耐寒，抗性强，对土壤的要求不严，喜湿润、疏松、肥沃的环境。

◆ **园林用途**：常春藤的叶色和叶形变化丰富，四季常青，在江南庭院中常用作攀援墙垣及假山的绿化材料，适宜阴面阳台、藤架、栏杆、墙垣的垂直绿化。也可与其他植物配合种植，是很好的地被及垂直绿化植物。

◆ **观赏特性**：终年常绿、生长迅速、枝叶繁茂，叶片亮绿或花叶，是墙体掩映覆盖与荫廊掩蔽的优良攀缘植物，造型雅洁。

◆ **繁殖方法：**扦插、分株或压条繁殖。除冬季外，其余季节均可进行繁殖。扦插繁殖：适宜 4～9 月，切下具有气生根的半成熟枝条作为插穗，其上要有一至数个节，插后要注意遮阴、保湿、增加空气湿度，3～4 周后即可生根，匍匐于地的枝条可在结处生根并扎入土壤。

◆ **种植技术：**常春藤生长健壮，栽植容易。只要保证灌水，四季均可移栽，需带土球，定植后需加修剪，促发新枝。生长旺盛季节要保持土壤湿润，充分浇水，高温季节还要注意通风，喷水降温，否则易引起生长衰弱。

桂叶素馨（岭南茉莉、大黑骨头）

Jasminum laurifolium Roxb.ex Hornem.

木犀科（*Oleaceae*）素馨属（*Jasminum*）

识别特征

　　常绿缠绕木质藤本，长达 5m。全株无毛，小枝圆柱形，直径 1～2mm。单叶对生，近革质，线形，披针形，狭椭圆形或圆形，叶缘反卷，亮绿色，背面浅绿色；中脉叶面凹陷，背面突出，叶柄长 0.4～1.2cm，常扭转，中部或近基部具关节。聚伞花序顶生或腋生，有花 1～8 朵，花序梗长 0.3～2.5cm，花梗细长，长 0.7～2.3cm，小苞片钻状线形，长 2～5mm；花芳香，花萼钟状，萼管长 2～3mm，裂片 4～12 枚，线形；花冠白色，高脚碟状，花冠管长 1.6～2.4cm，裂片 8～12 枚，披针形或长剑形，开展。果卵状长圆形，长 0.8～2.2cm，径 0.4～1.1cm，熟时紫黑色，光亮。

◆**季相变化及物候**：花期4～5月，果期8～12月。

◆**产地及分布**：产我国云南、广西、海南、西藏等地，缅甸、印度也有分布。生长于海拔500～1200m的疏林、山谷、岩石坡灌丛或路边灌丛中。

◆**生态习性**：阳性植物。喜光照，不耐荫，性喜高温、湿润气候条件，生长适宜温度22～30℃。

◆**园林用途**：适于公园绿地、单位、小区、学校等种植，用于攀援花架、棚架、花门、围篱、篱垣等。

◆**观赏特性**：香花植物，叶绿花白，白色小花似星星散落绿叶间，素雅洁净。

◆**繁殖方法**：扦插或分株繁殖，春、夏季为佳。

◆**种植技术**：栽培介质以壤土或砂壤土为佳。春、夏季每月施肥1、2次。春季修剪整枝，老化植株可重剪复壮。

素方花（耶悉茗）

Jasminum officinale L.

木樨科（*Oleaceae*）白粉藤属（*Jasminum*）

识别特征

　　缠绕藤本，高可达5m。小枝细长柔弱，具棱或沟，无毛。叶对生，羽状深裂或羽状复叶，有小叶3～9枚，通常5～7枚，小枝基部常有不裂的单叶；叶轴常具狭翼，叶片和小叶片两面无毛或疏被短柔毛；顶生小叶片卵形、狭卵形或卵状披针形至狭椭圆形，先端急尖或渐尖，稀钝，基部楔形，侧生小叶片卵形、狭卵形或椭圆形，先端急尖或钝，基部圆形或楔形。聚伞花序伞状或近伞状，顶生，稀腋生，通常有花3～5朵；花序梗长6～18mm；苞片线形；花萼杯状，光滑无毛或微被短柔毛，裂片5枚，稍平展螺旋状线形花；冠白色，或外面粉红色内面白色，裂片常5枚，狭卵形、卵形或长圆形，花柱异长。果球形或椭圆形，成熟时由暗红色变为紫色。

◆ **季相变化及物候**：花期3～7月，果期8～10月。

◆ **产地及分布**：产于我国云南、四川、贵州西南部、西藏。生海拔1800～2800m山坡疏林、山谷、沟地、灌丛、高山草地或者路边。伊朗、阿富汗、不丹、巴基斯坦也有分布，世界各地广泛栽培。

◆ **生态习性**：阳性植物，需阳光充足，性喜温暖湿润气候条件，不耐寒、不耐荫，生长适温20～30℃，要求比较充足的水分，土质肥沃、疏松透气、排水良好的砂质土壤。　开花需要一定的光周期才能满足生育生长的需要。

◆ **园林用途**：枝叶茂密，适宜公园绿地、庭院、单位小区等应用，可列植于围墙旁，遍植于山坡地，散植于湖塘边，丛植于大树下，适应性强，栽培容易。

◆ **观赏特性**：株形玲珑、枝叶秀丽扶疏，花朵芬芳，清香久远，花姿娇柔动人，白花翠蔓，甚为美观。

◆ **繁殖方法**：扦插或压条繁殖。1、扦插繁殖：春季至秋季均可进行，剪取半木质化枝条长12～15cm，保留顶部两片叶，用0.01%的萘乙酸溶液浸泡基部一夜，间距3cm扦插，遮阴保湿。

2、压条繁殖：5～7月进行选择生长健壮的长枝，环割约2cm，固定在挖好的沟里覆盖培养土浇足水，秋季割离离母株。

◆**种植技术**：选光照充足、排水良好的地块。当土壤持水量在60%～80%，排水、透水性较好时，最适合素方花根系生长。

清明花（炮弹果、比蒙花、刹抢龙 、大清明花、藤杜仲）

Beaumontia grandiflora Wall.

夹竹桃科（*Apocynaceae*）清明花属（*Beaumontia*）

▶ 识别特征

常绿高大木质藤本。枝幼时有锈色柔毛，老时无毛、茎有皮孔。叶长圆状倒卵形，长6～15cm，宽3～8cm，顶端短渐尖，幼时略被柔毛，老渐无毛；侧脉约15对；叶柄长2cm。聚伞花序顶生，着花3～5朵或更多；花大，漏斗形，花冠白色，基部白绿色，花梗有锈色柔毛，长2～4cm；花萼裂片长圆状披针形、倒卵形或倒披针形，花冠长约10cm，外面有微毛，裂片卵圆形；雄蕊着生于花冠筒的喉部，花药箭头状。蓇葖果长圆形，内果皮亮黄色。种子长约2cm，有白色绢质种毛，长4cm。

◆**季相变化及物候**：花期4～6月，果期9～11月。

◆**产地及分布**：产我国云南南部；生于山地林中，广西、广东和福建有栽培。印度也有分布。

◆**生态习性**：喜温暖、湿润及阳光充足的环境，耐干旱、耐瘠薄，较耐阴，不耐寒。对土壤要求不严，但以排水良好、疏松、肥沃的中性至酸性土壤为宜。

◆**园林用途**：可应用于公园绿地、庭院、单位、小区学校等处，用于大型棚架、花门、花架等栽培观赏或栽植于草地、河溪边，假山旁装点。

◆**观赏特性**：花白色，具芳香，花大而多，清明时节盛花，清新洁雅。

◆**繁殖方法**：播种或扦插繁殖。1、播种繁殖：春季进行，16℃条件下催芽，播种易出苗。2、扦插繁殖：选当年生半木质化枝，长15～20cm，插入素土1/3，遮阴保湿，生根容易。

◆**种植技术**：生长期多浇水并施追肥，花后及时修剪，如果修剪太晚，致使第二年开花量减少。

海南鹿角藤

Chonemorpha splendens Chun et Tsiang

夹竹桃科（*Apocynaceae*）鹿角藤属（*Chonemorpha*）

识别特征

粗壮木质藤本。小枝、总花梗、叶背和萼筒均被黄色短绒毛。叶近革质，宽卵形或倒卵形，长 18～20cm，宽 12～14cm。聚伞花序总状式，长达 35cm；总花梗具多数小苞片；花萼筒状，顶端不规则两唇形，每唇形具 2、3 个小齿；花冠淡红色，裂片张开直径 4cm；雄蕊着生于冠筒基部之上；花盘环状，顶端 5 浅裂；子房和花柱无毛。蓇葖果近平行，长圆状披针形，长 25cm，幼时被短绒毛，老渐无毛。种子扁平，顶端种毛长 5cm。

◆**季相变化及物候**：花期 5～7 月，果期 8 月～翌年 1 月。

◆**产地及分布**：产我国云南中南部，元江、普洱、西双版纳等地；生于海拔 300～800m 的山地疏林中或山谷森林中。广东、海南也有分布。

◆**生态习性**：阳性植物。喜光，稍耐半荫，喜温暖湿润的气候条件和肥沃排水良好的酸性土壤。

◆**园林用途**：是垂直绿化的优质材料，可攀附于垂直立面上布满垂直面，可用于高层建筑和公园绿地、小区、单位等的花架、棚架、围墙等的垂直绿化，丰富绿化的立面空间层次。

◆**观赏特性**：终年常绿，藤长叶茂，盘根错节，攀附于垂直立面上形成浓密的叶幕，春夏季绿叶之上开出粉色花朵，成团成簇、色彩柔和鲜艳，芳香扑鼻。

◆**繁殖方法**：播种、扦插或压条繁殖。1、播种繁殖：果实成熟时及时采种，先用水浸泡2～3h后用砂揉擦，再用清水洗净，阴干1～2天后用塑料薄膜袋包装贮藏；播种前催芽。播种后覆土不宜太厚，当种子发芽至叶簇1～2cm高时即可移植。2、压条繁殖：选健壮枝条，剪去嫩梢，在枝的一侧开沟，将枝条水平压入沟内固定，新梢伸长后覆土，及时抹去枝条基部强旺萌蘖，秋后剪离栽植。3、扦插繁殖：可于春、夏、秋三季进行，春季用硬枝扦插，其他季节用当年生嫩枝扦插。

◆**种植技术**：尚未见报道。

花叶蔓长春

Vinca major Linn. cv. 'Variegata' Loud. Man. Cult. Pl.

夹竹桃科（*Apocynaceae*）蔓长春花属（*Vinca*）

识别特征

常绿蔓性藤本。茎偃卧，花茎直立。单叶对生，椭圆形，卵形，长3～8cm；边缘白色，有黄白色斑点，长3～6cm，宽1.5～4cm，先端钝，全缘，基部下延；侧脉约4对，叶柄长1cm。花单朵腋生，花梗长4～5cm，花冠筒漏斗状、蓝色，萼葖长约5cm；花单生叶腋，花冠紫蓝色，漏斗状，径3～5cm，裂片5，开展，花梗长4～5cm。果直立，长约5cm。

◆**季相变化及物候**：花期2～7月，果期5～8月。

◆**产地及分布**：原产欧洲中部及南部，我国长江以南栽培广泛。

◆**生态习性**：喜光，耐半阴，喜温暖湿润的环境，较耐寒；对土壤适应性强，肥沃的砂质壤土中生长最好。

◆**园林用途**：生命力较强，适宜庭院、公园绿地、道路半阴环境做地被栽培，也可垂盆置于橱顶高架，或吊挂窗前、阳台檐口。

◆**观赏特性**：四季常绿，叶子形态独特，蓝花朵朵、清新优雅。

◆**繁殖方法**：分株或扦插繁殖。1、分株繁殖：春季进行，把上一年的老枝剪掉，取出植株从根茎处分开栽植，浇透水，遮阴保湿。2、扦插繁殖：极易生根可全年进行。扦插基质以珍珠岩、蛭石或净河砂为佳。选生长健壮、充实的枝条作为插穗，插穗长度约 10 ～ 15cm，带 3、4 个节。上部留 2 个叶，1、2 节埋入基质，浇水保湿，扦插苗床上方搭遮光率 30% ～ 50% 的遮阴网，约20 天除去遮阴网，控制水分，增加光照。

◆**种植技术**：疏松、富含腐殖质的砂质壤土为宜。天旱时应浇水，保持土壤湿润，雨季注意排水。每月施液肥 1、2 次，以保证枝蔓速生快长及叶色浓绿光亮。保持半阴环境。常见枯萎病、溃疡病和叶斑病、介壳虫，生物防治与化学防治相结合进行防治。

翅果藤（奶浆果、小花青藤、黑九牛、大对节生、野甘草、婆婆针线包）

Myriopteron extensum （Wight） K. Schnum.

萝藦科（*Asclepiadaceae*）翅果藤属（*Myriopteron*）

识别特征

　　木质藤本，长达 10m，有乳汁。茎和枝无毛，有皮孔。叶对生，膜质，卵形至卵状椭圆形或宽卵形，长 8～18cm，宽 4～11cm，顶端急尖或浑圆，具短尖，基部圆形，两面均被短柔毛，叶背毛被较密；侧脉每边 7～9 条。花小，白绿色，组成疏散的圆锥状的腋生聚伞花序，花序长 12～26cm；花萼小，裂片卵圆形，内面基部有腺体，无毛；花蕾阔圆锥状；花冠辐状，花冠筒短，裂片长圆状披针形，无毛；副花冠裂片长过合蕊柱；花粉器匙形；子房无毛，花柱短，柱头膨大，顶端隆起，微 2 裂。蓇葖果椭圆状长圆形，长约 7cm，直径约 3cm，基部膨大，外果皮具有很多膜质的纵翅；种子卵形，扁平，棕色，顶端具白色绢质种毛长 2.5～3cm。

◆**季相变化及物候**：花期 5～8 月，果期 7～12 月。

◆**产地及分布**：产我国云南普洱、景东、巍山、勐海、景洪、凤庆、河口、临沧、金平、元江、泸西等地；生于海拔 600～1600m 山地疏林中或山坡路旁、溪边灌木丛中，贵州、广西有分布。印度、缅甸、泰国、越南、老挝、印度尼西亚和马来西亚等也分布有。

◆**生态习性**：阳性植物。喜光照，也耐半荫。喜温暖和潮湿的环境，耐热，耐旱，不耐寒。宜湿润、肥沃、排水良好的酸性土壤。

◆**园林用途**：可作为棚架、门廊、墙垣和绿篱的垂直绿化，也用于树干山石等的美化，尤其适合小绿化空间作点缀。

◆**观赏特性**：叶色纯正，果绿色，外果皮具有很多膜质的纵翅，果实两两成一字排开，悬挂在空中，形态奇特、有趣。

◆**繁殖方法**：播种繁殖，具体尚未见报道。

◆**栽培技术**：定植前深翻土壤，施入腐熟有机肥 5kg，栽植苗带宿土或土球，定植后浇透水并遮阴保湿一周，发新枝后施液肥促进生长，生长季节以氮肥为主，秋末施磷钾肥。

大花藤

Raphistemma pulchellum （Roxb.） Wall.

萝藦科（*Asclepiadaceae*）**大花藤属**（*Raphistemma*）

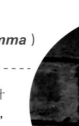

识别特征

常绿木质藤本，长达 8m。有乳汁，全株无毛。叶宽卵形，叶膜质，基部深心形，长 8～15cm，宽 5～11cm，顶端渐尖，侧脉每边 6、7 条；叶柄长 5～9cm，顶端具有丛生小腺体。聚伞花序伞形状，腋生，着花 4～12朵；总花梗长 10～13cm；花梗长 3～4cm；花蕾长圆形或长卵形，顶端圆形或钝；花较大，直径达 3cm，黄白色；花萼内面基部有 5 个腺体，萼片长卵形；花冠钟状，花冠裂片长圆形；副花冠裂片长圆状披针形，膜质，顶端长尖，高出合蕊柱，伸出花冠喉部之外；花药顶端膜片内弯；花粉块卵圆形，下垂；子房无毛，柱头膨大，盘状，顶端扁平。蓇葖果纺锤形，下垂，长 16cm，直径 4cm。种子卵圆形，顶端种毛长 4cm。

◆ **季相变化及物候**：花期 7～8 月，果期 10 月～翌年春季。

◆ **产地及分布**：产于我国云南南部景洪、思茅、勐海等地及广西；生于海拔 900m 以上的山地密林中或灌木丛中，攀援树上或蔓延于岩石上。印度、锡金、缅甸、泰国等也有分布。

◆ **生态习性**：中性植物，也耐阴。喜温暖湿润的气候，阴湿的小环境，常生长在海拔 900m 以上的山地密林中，攀援于树上或蔓延在岩石上。

◆ **园林用途**：可种于庭院假山石上或攀援棚架，也可攀附于建筑物、围墙、陡坡等。

◆ **观赏特性**：花冠白色，果硕大而下垂，似芒果，可观花观果，果实在少花少果的冬季成熟，观赏价值高。

◆ **繁殖方法**：播种繁殖，具体未见报道。

◆ **栽培技术**：尚未见报道。

220

西南忍冬

Lonicera bournei Hemsl.

忍冬科（*Caprifoliaceae*）忍冬属（*Lonicera*）

识别特征

　　藤本。幼枝、叶柄和总花梗均密被黄色短柔毛；老枝淡褐色。叶薄革质，卵状矩圆形、卵状椭圆形或矩圆状披针形，接近花序者常形小而呈圆卵形，长 3 ～ 8.5cm，顶端短尖至渐尖，基部圆或有时微心形，上面光亮，下面中脉和侧脉凸起，除两面中脉有短柔毛和叶缘有疏短毛外均无毛；叶柄长 2 ～ 6mm。花有香味；密集于小枝或侧生短枝顶成短总状花序；总花梗极短。苞片、小苞片和萼齿都有小缘毛；苞片披针形，长为萼筒的 1/2 至 2 倍；小苞片圆卵形或倒卵形，极小，长约为萼筒的 1/3；萼筒椭圆形或矩圆形，花冠白色，后变黄色，外面无毛，唇形，唇瓣极短，长约为筒的 1/8；上唇具 4 裂片，与下唇反转，雄蕊和花柱不超出花冠，花柱自上而下散生柔毛。果实球形，成熟时红色，种子扁圆形，褐色。

◆季相变化及物候：花期 4 ～ 6 月，果熟期 6 ～ 8 月。

◆产地及分布：产我国云南东部至西南部及广西。生海拔 780 ～ 2000m 的林中。缅甸和老挝也有分布。

◆生态习性：中性植物，偏阳性。性喜温暖至高温、湿润的气候条件，生长适宜温度 18 ～ 30℃。

◆园林用途：香花植物，适宜庭院、公园绿地，单位、小区等应用，用于花廊、花架、篱墙、荫棚、花栏、花柱以及缠绕假山石等栽培观赏，还可以做绿化矮墙。

◆观赏特性：西南忍冬花似金银花，呈长筒状，盛开于枝头，金银相应，美不胜收，花落后红色果实挂于枝头，惹人喜爱。

◆繁殖方法：播种或扦插繁殖。1、播种繁殖：4 月播种，将种子在 35 ～ 40℃温水中浸泡 24h，湿砂催芽，露白时播种。按行距 21 ～ 22cm 条播，覆土 1cm，每 2 天喷水 1 次，半月可出苗，秋后或第 2 年春季移栽。2、扦插繁殖：雨季选健壮 1 ～ 2 年生枝条长 15 ～ 20cm，摘去下部叶片，按行距 23 ～ 26cm，开沟，株距 2cm，把插条斜立着放到沟里，填土压实，灾后浇水，以后每隔 2 天浇水一次，约半月能生根。

　　◆**种植技术**：对土壤和气候要求不严，以土层较厚的砂壤土为最佳。追肥：栽植后的 1 ～ 2 年内，以施人畜粪、草木灰、尿素、硫酸钾等肥料为主。栽植 2 ～ 3 年后，每年春初，以施畜杂肥、厩肥、饼肥、过磷酸钙等肥料为主。第一年花采收后即应追适量氮、磷、钾复合肥料，为下茬花提供充足的养分。剪枝在秋季落叶后到春季发芽前进行，一般是旺枝轻剪，弱枝强剪，剪枝时要注意新枝长出后要有利通风透光。

金银花（忍冬、金银藤、银藤、老翁须）

Lonicera japonica Thunb.

忍冬科（*Caprifoliaceae*）忍冬属（*Lonicera*）

识别特征

　　半常绿木质藤本。枝中空，幼枝暗红褐色，密被黄褐色糙毛及腺毛，下部常无毛。叶卵形、卵状长圆形，长 3 ～ 8cm，幼叶两面被毛，后上面毛脱落；叶柄长 4 ～ 8mm。双花单生叶腋，总花梗密被柔毛及腺毛。果球形，茎 6 ～ 7mm，蓝黑色。

　　◆**季相变化及物候**：花期 4 ～ 6 月，果期 10 ～ 11 月。

　　◆**产地及分布**：原产我国，分布于各省，北起东三省，南到广东、海南，东从山东，西到喜马拉雅山均有分布。

　　◆**生态习性**：喜阳光和温和、湿润的环境，耐寒，耐旱，对土壤要求不严，酸性，盐碱地均能生长，以湿润、肥沃的深厚沙质壤上生长最佳。

◆**园林用途**：匍匐生长能力比攀援生长能力强，适合于在林下、林缘、建筑物北侧等处做地被栽培；金银花也可做绿化矮墙；亦可以利用其缠绕能力制作花廊、花架、花栏、花柱以及缠绕假山石等。

◆**观赏特性**：金银花初开为白色，后转为黄色，具有优良的观赏价值，还可做饮料和药用。

◆**繁殖方法**：播种或扦插繁殖。1、播种繁殖：于秋季种子成熟时采集果实，置清水中揉搓，漂去果皮及杂质，种子晾干贮藏备用。秋季可随采随种。也可砂藏春播。在苗床开浅沟，将种子均匀撒入沟内，盖3cm厚的土，压实，10天左右出苗。2、扦插繁殖：生长季节均可进行，选择藤茎生长旺盛的枝条，截成长20～30cm插条，每根至少具有3个节位，摘除下部叶片，将下端切成斜口，扎成小把，用植物激素IAA 500mg/kg浸泡一下插口，及时扦插。株行距150cm×150cm，每穴扦的插3～5根，地上留1/3的茎，至少有一个芽露在土面，踩紧压实，浇透水，1个月左右即可生根发芽。也可将插条先育成苗，然后再移栽大田。

◆**种植技术**：育苗地选择土质疏松、肥沃、排水良好的砂质壤土和灌溉方便、有水源的地方，深翻土壤30cm以上，打碎土块，整平耙细，施足基肥。移栽于早春萌发前或秋冬季休眠期进行。挖宽深各30～40cm，每穴施入土杂肥5kg与底土拌匀。每穴栽苗1株，填细土压紧、踏实，浇透定根水。成活后，通过整形修剪，使匍匐藤形成直立单株的矮小灌木。

金杯花（金杯藤）

Solandra maxima （Sesse et Moc.） P.S. Green

茄科（*Solanaceae*）金杯藤属（*Solandra*）

识别特征

常绿藤本。多分枝，叶片互生，长椭圆形，长 10～12cm，先端渐尖，基部广楔形，全缘，叶浓绿色、有光泽。单花顶生，花冠大型，花冠黄色，杯状 5 浅裂，裂片反卷，直径有 18～20cm，杯体长约 20cm；筒部内有 5 条棕色线纹，有牛皮的质地，花金黄色，有香气。浆果球形。

◆ **季相变化及物候**：花期 3～5 月。

◆ **产地及分布**：原产中美洲墨西哥等。我国云南南部、台湾、福建、广东等地有栽培。

◆ **生态习性**：喜光，稍耐荫，喜暖热湿润气候，耐热、耐旱、不耐寒。喜肥沃和排水良好的土壤。

◆ **园林用途**：宜在公园绿地、单位、小区等栽培。适合大型棚架、绿廊、花架栽培观赏，也可整形成灌木植于路边、山石及水岸边欣赏。

◆ **观赏特性**：枝叶繁茂，花大而美丽，花色金黄，花蕾时像炮弹，开放时像金色的奖杯，又似吹响的喇叭。

◆ **繁殖方法**：播种和扦插。春季至夏季为扦插期。具体尚未见报道。

第四部分／藤本

◆**种植技术**：定植前，深翻定植穴，并施入有机肥。定植后，浇透定根水，并遮阴保湿，10天后可正常养护。苗期每月施肥1次，以氮肥为主，促其快速生长。如整形成灌木，在植株高15cm时短截，促其分枝。成株可粗放管理，花谢后整形修剪。

凌霄（紫葳、苕华、堕胎花）

Campsis grandiflora（Thunb.）Schum.

紫葳科（*Bignoniaceae*）凌霄属（*Campsis*）

━ 识 别 特 征 ━

落叶藤本。羽状复叶对生；小叶7～9，卵形，长3～7cm，宽15～3cm，先端长尖，基部不对称，两面无毛，边缘疏生7～8锯齿，两小叶间有淡黄色柔毛。花橙红色，由三出聚伞花序集成稀疏顶生圆锥花丛；花冠漏斗状，直径7cm。硕果长如豆荚，顶端钝。

◆**季相变化及物候**：花期6～8月，果期11月。

◆**产地及分布**：产我国长江流域各地，以及河北、山东、河南、福建、广东、广西、云南、陕西，在台湾有栽培。日本也有分布，越南、印度、西巴基斯坦均有栽培。

◆**生态习性**：性喜阳、温暖湿润的环境，稍耐荫。喜欢排水良好土壤，较耐水湿、并有一定的耐盐碱能力。

◆**园林用途**：垂直绿化美化植物，可用于棚架、假山、花廊、墙垣绿化。

◆**观赏特性**：枝繁叶茂，入夏后朵朵红花缀于绿叶中次第开放，十分美丽。

◆**繁殖方法**：压条或扦插繁殖。1、压条繁殖：生根较快，成活率高。一般在花后选取一年生以上健壮枝条，将准备埋入土内的部分刻伤，埋入约10cm厚土中，用竹钉等物将其固定，不使弹出。经常保持土壤湿润，秋季便可剪离母体。2、扦插繁殖：雨季进行。剪取较坚实粗壮的枝条，扦插于砂床，上面用玻璃覆盖，以保持足够的温度和湿度。一般温度在23～28℃，插后20天即可生根，到翌年春即可移入大田。

◆**种植技术**：整理种植场地，按照栽植植物大小挖穴，再进行定植、覆土，覆土至基部第一片真叶的叶腋处为宜，施基肥。定植后应适当短截主蔓，促使根系扎深及分生侧枝。早期管理要注意浇水，后期可粗放管理。植株长到一定程度，需设立支杆。每年发芽前可进行适当疏剪，去掉枯枝和过密枝，使树形合理，利于生长。开花之前施复合肥、堆肥，并进行适当灌溉，使植株生长旺盛、开花茂密。

猫爪藤（猫儿爪）

Macfadyena unguis-cati （Linn.） A. Gentry

紫葳科（*Bignoniaceae*）白粉藤属（*Macfadyena*）

识别特征

　　常绿攀援木质藤本。茎多分枝，借气根攀缘，分枝纤细平滑。卷须与叶对生，长约1.5～2.5cm，顶端分裂成3枚钩状卷须。叶对生，小叶2，稀1枚，长圆形，长3.5～4.5cm，顶端渐尖，基部钝。花单生或组成圆锥花序，花序轴长约6.5cm，有花2～5朵，被疏柔毛；花梗长1.5～3cm；花萼钟状，近于平截，薄膜质；花冠钟状至漏斗状，黄色，长5～7cm，檐部裂片5，近圆形，不等大；雄蕊4，两两成对，内藏；子房4棱形，2室，每室具多数胚珠。蒴果长线形，扁平，长约28cm，隔膜薄，海绵质。

◆**季相变化及物候**：花期 3 ～ 4 月，果期 6 ～ 8 月。

◆**产地及分布**：原产西印度群岛及墨西哥、巴西、阿根廷。我国云南南部、广东、福建均有栽培，供观赏。

◆**生态习性**：喜光，也较耐阴，性喜温暖环境，生长适温 18 ～ 26℃。能抗霜冻、4 ～ 10℃以下就开始生长；抗旱，对土壤不择，适应性强，能在多种类型的土壤中生长。

◆**园林用途**：宜在公园绿地、庭院、路边、荒坡、草地等栽培观赏，适用于棚架、围篱、凹地、坡地、墙壁、屋顶应用。

◆**观赏特性**：观花观叶，花色黄色，似小喇叭，盛花期黄色花开满在绿叶上，艳丽夺目。

◆**繁殖方法**：播种或扦插繁殖。1、播种繁殖：播种极易发芽，自繁能力强。2、扦插繁殖：茎上的节点接触土壤时，可继续长根并形成块根，茎扦插可获得新的植株，成活率高。气生根也能形成块根，当块根从母体上分离，可以长成新的植株。

◆**种植技术**：栽培容易，适应性强根系不深，有充分发展的空间，可以爬满整个棚架，提供遮阴，也适合花架、蔓篱、荫棚或是栅栏美化。早春或开花后修剪整枝，可将地上部分仅留几个芽点强剪，如果要牵引上棚架，留几个健壮枝条作为主枝。

蒜香藤

Mansoa alliacea（Lam.）A.H. Gentry

紫葳科（*Bignoniaceae*）蒜藤属（*Mansoa*）

识别特征

常绿藤本，具卷须。叶子为二出复叶，深绿色椭圆形，具光泽。花腋生，聚伞花序，花冠筒状，开口五裂；花刚开时为粉紫色，再慢慢转成粉红色，再变白色后掉落，花和叶子都有大蒜的味道。

◆ **季相变化及物候**：花期为 9 ～ 11 月，果期 12 ～ 3 月。

◆ **产地及分布**：原产西印度至阿根廷。我国南部两广、云南等有栽培。

◆ **生态习性**：性喜高温，喜光，生育适温约 21 ～ 28℃。

◆ **园林用途**：生性强健，适合种成花廊，或攀爬于花架、墙面、围篱之上，也可做灌木地被栽培。

◆ **观赏特性**：花盛开时，彷佛垂挂着团团的粉、紫彩绣球，是极具观赏价值的攀缘植物。

◆ **繁殖方法**：播种、扦插或压条繁殖。扦插繁殖：生产上一般以扦插为主。春、夏、秋季均为扦插适期，尤以 3 ～ 7 月为佳。扦插时剪取半木质化枝条，每段插穗长约 15cm 左右，剪去插穗下部 1/3 叶片，保留上部叶片，插穗下部的切口应靠近节的下部。基质采用泥炭、素红土或河砂均可。扦插深度以枝干不倒为宜，密度以叶片不挤不碰为宜，保证根部透气和叶片通风及良好光照。按常规管理约 3 ～ 4 周可生根。扦插苗生根并长出新叶后，可结合喷水施 0.5% ～ 1.0% 尿素，促进扦插苗生长。约 7 周待根系发育完全后即可进行移植。

◆种植技术：栽培需要充足的光线和温暖的气候，不耐寒，长期的寒风吹刮会影响生长。宜种植在向阳背风，疏松、肥沃的微酸性的砂质壤土中。露地栽培只需在旱季时浇水。较喜有机肥，可在定植时，于植穴中施入腐熟肥料，成熟后每月施用1次氮、磷、钾复合肥。露地栽培应选择排水良好的地点。由于花和叶片具有浓烈的蒜香味，昆虫拒绝食用，栽培中尚未发现明显的病虫害。

粉花凌霄（凉亭藤）

Pandorea jasminoides（Lindl.）K.Schum

紫葳科（*Bignoniaceae*）粉花凌霄属（*Pandorea*）

识别特征

　　常绿缠绕木质藤本。奇数羽状复叶对生，小叶5～9枚，椭圆形至披针形，革质，光滑，全缘，长2.5～5cm。聚伞状圆锥花序顶生，花数朵，小花管状，具扩展外延的裂片，裂片覆瓦状排列，花冠白色或浅粉红色，喉部红色或深桃红色，漏斗状，径4～5cm，花萼不膨大。蒴果长椭圆形、木质。有白花和红花等栽培品种。

◆**季相变化及物候**：花期 4 ～ 9 月。

◆**产地及分布**：原产澳大利亚和马来西亚等国，生长于热带雨林地区。我国热带、亚热带地区引入栽培。

◆**生态习性**：阳性植物。喜光，全日照生长最佳，在半阴环境下也能生长，喜热湿润气候，能耐轻霜，不耐寒，生长适温 18 ～ 30℃，全年中气温最低的月份最低气温应为 4 ～ 10℃或以上，可忍耐短时间 0℃；喜肥沃湿润排水良好的土壤。

◆**园林用途**：蔓藤枝叶，可用于篱墙、棚架、护栏、墙垣、山石瀑布旁等栽培观赏。

◆**观赏特性**：枝叶茂盛，观叶观花，花色淡粉，轻盈秀雅，有较好的观赏价值。

◆**繁殖方法**：播种或扦插繁殖。1、播种繁殖：春季进行，播后保湿，出苗后逐渐增加光照至全光照。2、扦插繁殖：在雨季进行，选枝条长 15～18cm，扦插基质净河砂或素红壤，插后遮阴保湿。

◆**种植技术**：粉花凌霄生长迅速，注意肥水的充足供应，每月施用液肥一次，保持土壤湿润，花后结合整形进行修剪。

炮仗花（黄金珊瑚）

Pyrostegia venusta（Ker-Gawl.）Miers

紫葳科（*Bignoniaceae*）**炮仗藤属**（*Pyrostegia*）

识别特征

　　常绿木质藤本。有线状、3 裂的卷须，可攀援高达 7～8m。小叶 2、3 片，卵状至卵状矩圆形，长 4～10cm，先端渐尖，茎部阔楔形至圆形，叶柄有柔毛。花橙红色，长约 6cm；萼钟形，有腺点；花冠厚，有明显白色绒毛，多朵紧密排列成下垂的圆锥花序。

◆**季相变化及物候**：花期 4～6 月，果期 7～9 月。

◆**产地及分布**：原产巴西，热带及亚热带温暖无霜地区均有栽培，我国东南、华南、西南温暖地区均有分布，以云南、广西、广东等地栽培广泛。

◆**生态习性**：喜光，喜温暖湿润气候，适合种植于阳光充足和通风处，土壤以排水良好的砂壤土为好。生长迅速，能保持枝叶常青，可露地越冬。

◆**园林用途**：多种植于庭院，棚架，花门和栅栏，作垂直绿化。可用大盆栽植，置于花棚、花架、茶座、露天餐厅、庭院门首等处，景色殊佳；也宜地植作花墙，覆盖土坡、石山，或用于高层建筑的阳台作垂直绿化，显得富丽堂皇。

◆**观赏特性**：枝叶清秀，花橙红色，花朵鲜艳，下垂成串，攀援于花架上，初夏红橙色的花朵累累成串，状如鞭炮，故有炮仗花之称。

◆**繁殖方法**：扦插或压条繁殖。1、扦插繁殖：生根率高，取半木质化枝条15～20cm，扦插基质，素红土、园土、泥炭均可，插后遮阴保湿。2、压条繁殖：生根较快，成活率也较高。一般在花后选取一年生以上健壮枝条，将准备埋入土内的部分刻伤，埋入约10cm厚土中，用竹钉等物将其固定。经常保持土壤湿润，秋季剪离母体，另行栽植。

◆**种植技术**：栽培地点应阳光充足、通风凉爽。施足基肥，基肥宜用腐熟的堆肥并加入适量豆饼或骨粉。施土要混拌均匀，并需浇1次透水，让其发酵1～2个月后定植。定植后第一次浇水要透，并需遮阴。待苗长高70cm左右时，设棚架，将其枝条牵引上架，摘心促萌发侧枝，以利于多开花。肥、水要恰当，炮仗花生长快，开花多，花期长，因此肥水要充足。生长期间每月需施1次追肥，追肥宜用腐熟稀薄的豆饼水或复合化肥，促使其枝繁叶茂。要保持土壤湿润，浇水次数应视土壤湿润状况而定，秋季进入花芽分化期，浇水宜减少，施肥以磷肥为主，促使花芽分化。调整株形，及时剪除老枝、弱枝等要，以免消耗养分，影响第二年开花。

红花山牵牛

Thunbergia coccinea Wall.

爵床科（*Acanthaceae*）山牵牛属（*Thunbergia*）

识别特征

常绿攀缘木质藤本。茎及枝条具明显或不太明显的9棱，初被短柔毛，后仅节处被毛，余无毛；具叶柄，叶柄有沟，长2～7cm，花序下的叶无柄，被短柔毛或仅先端被短柔毛；叶片宽卵形、卵形至披针形，长8～15cm，宽3.5～11cm，先端渐尖，基部圆或心形，边缘宽波状或疏离的大齿，两面脉上被短柔毛，脉掌状5～7出。总状花序顶生或腋生，长可达35cm，下垂，总花梗、花轴、花梗、小苞片被短柔毛；苞片叶状无柄，上面无毛，下面疏被短柔毛，每苞腋着生1～3朵花；花梗长3～4cm；小苞片长圆形，先端急尖；花冠红色，花冠管长5～6mm，先端着生花药处被绒毛，花冠管和喉间缢缩，冠檐裂片近圆形，花药不等大，稍外露，具短尖头；子房和花柱无毛，柱头露出，2裂，裂片相等。蒴果无毛，有喙。种子4，扁圆形，具皱纹，基部扁平。

◆**季相变化及物候**：花期12月～1月，果期2～3月。

◆**产地及分布**：产我国云南中南部楚雄、富宁、金平、普洱、宁洱、勐腊、临沧、双江、潞西、龙陵和西藏东南部。印度及中南半岛北部也有分布。生于海拔850～960m山地林中或灌木丛中。

◆**生态习性**：中性植物。喜半阴环境，也耐全光照，喜温暖湿润气候条件，稍耐寒，喜酸性土壤。

◆**园林用途**：适于庭院、公园绿地、单位、小区、学校等栽培，可用于花架，篱墙，棚架

等做装饰。

◆ **观赏特性**：叶茂密深绿，观花观叶，红色花序似一串串鞭炮挂在绿叶中，尤为喜庆。

◆ **繁殖方法**：尚未见报道。

◆ **种植技术**：尚未见报道。

桂叶山牵牛（桂叶老鸦嘴 樟叶老鸦嘴、月桂藤、樟叶邓伯花、樟叶山牵牛）

Thunbergia laurifolia Lindl.

爵床科（*Acanthaceae*）山牵牛属（*Thunbergia*）

- 识别特征 -

　　常绿高大藤本，枝叶无毛。茎枝近4棱形，具沟状凸起。叶对生，叶具叶柄，长可达3cm，上面的小叶近无柄，具沟状凸起；叶片长圆形至长圆状披针形，长7～18cm，宽3～8cm，先端渐尖，具较长的短尖头，基部圆或宽楔形，有时浅心形，边缘全缘或具不规则波状齿，近革质，两面的脉及小脉间具泡状凸起，3出脉，主肋上面有2、3支脉。总状花序顶生或腋生，花梗长达2cm；小苞片长圆形，先端渐尖，边缘向先端密被短柔毛，向轴面边缘粘连成佛焰苞状；花冠管喉白色，冠檐蓝紫色，裂片圆形，花丝基部变厚，花药内藏于喉中部，先端尖，缝处有弯曲髯毛。子房和花柱无毛，柱头内藏。蒴果下部近球形。

◆**季相变化及物候**：花果期 3 ～ 11 月。

◆**产地及分布**：产我国云南中南部和西藏东南部，广东、台湾有栽培，生于海拔 850 ～ 960m 山地林中。印度及中南半岛北部也有分布。

◆**生态习性**：阳性植物，喜光，也耐阴。性喜高温高湿气候条件，不耐寒，生育温度 22 ～ 30℃；对土壤要求不严，有一定耐旱性。

◆**园林用途**：适于公园绿地、单位、小区、学校等种植，适合用于攀援花架、大型棚架、花门、围篱、建筑、篱垣等，也可用于城立交桥、陡坎等绿化、美化。

◆**观赏特性**：四季常绿，覆盖效果好，花大而繁密，朵朵成串下垂，观花，花淡蓝色或白色，花期长，庇荫效果好。易形成绿色屏障，鲜艳奇特的花朵尤为优美。

◆**繁殖方法**：根茎扦插或分株繁殖，雨季进行为佳。

◆**种植技术**：通风、向阳、排水良好的环境，以肥沃、富含腐殖质的壤土或砂质壤土最佳，栽后土壤保持适润或靠近水源。施肥以复合肥为佳，1 ～ 2 月 1 次，分枝后及时牵引上架。

龙吐珠

Clerodendrum thomsonae Balf.f.

马鞭草科（*Verbenaceae*）大青属（*Clerodendrum*）

攀援状木质藤本。幼枝四棱形，被黄褐色短绒毛。叶片纸质，狭卵形或卵状长圆形，长 4～10cm，宽 1.5～4cm，顶端渐尖，基部近圆形，全缘，表面被小疣毛，略粗糙，背面近无毛，基脉三出。聚伞花序腋生或假顶生，二歧分枝，长 7～15cm，宽 10～17cm；花冠深红色，外被细腺毛。核果近球形，外果皮光亮，棕黑色；宿存萼不增大，红紫色。

◆ **季相变化及物候**：花期 1～6 月。

◆ **产地及分布**：原产西非，我国南部各地有栽培。

◆ **生态习性**：喜阳光充足、温暖和湿润和的半阴环境，不耐寒。越冬温度应在 15℃以上，长期低于 10℃，可引起落叶至死亡。土壤用肥沃、疏松和排水良好的砂质壤土。盆栽用培养土或泥炭土和粗砂的混合土。

◆ **园林用途**：园林中重要的观赏植物，各地花卉市场都能见到盆栽的龙吐珠，家庭盆栽观赏普遍。

◆ **观赏特性**：夏秋季节，顶生的白色花萼中吐出鲜红色花冠，红白相嵌，形如游龙吐珠，异常美丽，热带南亚热带地区常见的棚架植物和盆栽花卉。

◆ **繁殖方法**：播种、分株或扦插繁殖。3～4 月进行，种子较大，采用室内播盆，室温保持 24℃条件下，播后 10 天左右相继发芽，苗高 10cm 时移入小盆养护，第二年就能开花。

◆ **种植技术**：宜选择 pH 中性或微酸性土壤种植，种植前先整地，深翻土壤。定植后覆土，浇足水分，移植 10～12 天后，施 1 次定植肥。生长期浇水要充足，浇水均匀，切忌过湿过干。土壤湿度过大，会引起叶片变黄而脱落，若枝条不枯萎，则停止浇水，让其恢复，萌生新叶。龙吐珠立性差，植株长高后，需设支架，使

其攀附于上。在苗期开始培养 1 根 10 ～ 14cm 长的粗壮主蔓，让侧蔓从主蔓上生出，将根际上分生出来的多余茎蔓剪掉。每半月施肥 1 次，龙吐珠开花季节，增施 1、2 次磷钾肥，冬季则减少浇水并停止施肥。定期除草除杂。

绒苞藤

Congea tomentosa Roxb.

马鞭草科（*Verbenaceae*）绒苞藤属（*Congea*）

识别特征

　　常绿木质藤本或攀援状灌木。长 2 ～ 7m，小枝近圆柱形，幼时密生黄色绒毛，以后变灰白色，有环状节。叶片坚纸质，椭圆形、卵圆形或阔椭圆形，长 6 ～ 16cm，宽 3 ～ 9.5cm，顶端尖至渐尖，很少钝，基部圆或近心形，表面幼时密生柔毛，老时疏生伏硬毛，至近无毛，背面密生长柔毛，侧脉 5、6 对，在背面隆起；叶柄密生长柔毛。聚伞花序有柄，花 5 ～ 9 朵，紫红色，密生白色长柔毛，常再排成长 12 ～ 30cm 的圆锥花序；总苞片长圆形、宽椭圆形或倒卵状长圆形，顶端圆或微凹，青紫色，基部连合，密生长柔毛；花萼漏斗状，外面密生黄色柔毛，内面被伏毛，顶端 5 裂，裂片长达萼管之半；花冠管长于花萼，除内面喉部有长柔毛环外余无毛；雄蕊 4，花丝状，伸出，花药近圆形；子房倒卵形，无毛，顶端有腺体；花柱伸出，柱头 2 浅裂。核果豌豆大小，顶端凹陷，包藏于稍膨大的宿萼内。

◆**季相变化及物候**：花期 4 ～ 5 月。

◆**产地及分布**：产我国云南的西南部西双版纳、瑞丽、镇康、耿马等地，福建等地引种栽。孟加拉、印度东北部、缅甸、泰国、老挝、越南（中部）也有分布。常生长在海拔 600 ～ 1200m 的疏密林或灌丛中。

◆**生态习性**：中性至阳性植物。阳光充足或者半阴的条件均可生长，喜温暖湿润气候，不耐霜冻。适应性强，不择土壤。但以喜排水良好、具一定肥力的土壤为佳。

◆**园林用途**：具有良好的攀缘效果，可以生长为攀援藤，或作为灌木修剪。可应用于棚架、建筑物、围墙、花架等处栽培，也可栽植于桥旁，山石旁装饰。

◆**观赏特性**：观花，生长快速，容易成荫，花多，淡紫色，色彩典雅，装饰效果好。

◆**繁殖方法**：种子或扦插繁殖。以扦插繁殖为主，成活率高。

◆**种植技术**：栽植后保持土壤水分和充足日照，春季增施磷钾肥则花色艳丽。

蓝花藤（紫霞藤、锡叶藤、砂纸叶藤）

Petrea volubilis L.

马鞭草科（*Verbenaceae*）蓝花藤属（*Petrea*）

◖ 识别特征 ◗

　　常绿木质藤本，长达 5m 以上。小枝灰白色，具椭圆形皮孔，被毛，叶痕显著。叶对生，革质，触之粗糙，椭圆状长圆形或卵状椭圆形，长 6.5～14cm，宽 3.5～6.5cm，顶端钝或短尖，基部钝圆，全缘，或稍作波浪形，侧脉 8～18 对，第 3 回羽脉在两面均隆起，正面仅主脉被毛，背面被疏毛；叶柄粗，被毛。总状花序顶生，下垂，总花梗长 10cm 以上，被短毛；花蓝紫色；萼管陀螺形，密被棕色微绒毛，裂片狭长圆形，开展，结果时长约 2cm，宽约 5mm；花冠长约 0.8～1cm，5 深裂，外面密被微绒毛，喉部有髯毛；雄蕊 4，近等长。

◆ **季相变化及物候**：花期 4～5 月盛花，热带地区几乎全年有花。

◆ **产地及分布**：原产中美洲及西印度群岛，我国云南南部，华南有栽培。

◆ **生态习性**：阳性植物。性喜高温、湿润、向阳之地，生长适宜温度 22～32℃，耐热不耐寒，冬季需温暖避风，寒流来袭会有落叶现象。

◆ **园林用途**：亚热带地区种植于庭院，装点棚架、篱墙、荫棚、大型花架、绿廊、墙垣等处。也可攀附于建筑物、围墙、陡坡等。

◆ **观赏特性**：枝叶茂密，终年常绿，花朵 2 层状，外层萼片星形，5 枚，淡粉紫色；内层花瓣 5 裂，深紫色；深浅 2 色衬托，花姿幽柔妩媚。

◆ **繁殖方法**：扦插或高压繁殖，春季为佳。

◆ **种植技术**：栽培介质以腐殖土或壤土为佳。春季至秋季施肥 3、4 次。冬季土壤忌潮湿，干旱有利开花。花后修剪整枝，植株老化施以重剪。

沃尔夫藤

Petraeovitex wolfei J.Sinclair

唇形科（*Lamiaceae*）沃尔夫藤属（*Petraeovitex*）

识别特征

　　木质藤本。叶片为三小叶，小叶卵圆形至长圆形，先端渐尖，基部近楔形或近心形，边缘具齿牙。悬挂的花序可长达 0.7m，花期很长，聚伞花序下垂，苞叶金黄色，苞片五，金黄色，经久不落，白色小花只开一天即凋谢。

◆ **季相变化及物候**：一般花期 5～7 月，较热的地方，常年开花。

◆ **产地及分布**：原产马来半岛、泰国。我国南部广州、西双版纳均有栽培。

◆ **生态习性**：喜温暖气候，宜植于向阳及光线充足的地方，不耐寒。越冬温度应在 15℃以上，并要保持干燥。长期低于 10℃，可引起落叶至死亡。

◆**园林用途**：适于作花架，篱廊美化，吊盆观赏。沃尔夫藤可悬垂栽培，也可作为攀援植物栽培，无论悬垂和攀援，其花序均下垂。

◆**观赏特性**：花期长，虽然乳白色小花只开 1 天即凋谢，但黄色苞片和萼片却有数星期的观赏期。悬挂的金黄色花序可以长达 1m，故以"黄金瀑布"的美名著称。

◆**繁殖方法**：扦插繁殖。扦插容易成活，剪取 20 ～ 25cm 长枝条插于素红土中，遮阴保湿，长出根后移栽。不易结实，适合热带地区栽培。

◆**种植技术**：选地整地，育苗地选择土质疏松、肥沃、排水良好的壤土。地选后深翻土壤 30cm 以上，整平耙细，施足基肥。作成宽 1.3m 的高畦播种育苗或扦插育苗。先深翻土地，施足基肥，整平耙细作高畦或高垄栽植。移栽于雨季进行。在整好的栽植地上，挖穴宽深各 30 ～ 40cm，每穴施入土杂肥 5kg 与底土拌匀，每穴栽壮苗 1 株，填细土压紧、踏实，浇透定根水。设攀援架。

绿萝

Epipremnu aureum （Linden et André）Bunting

天南星科（*Araceae*）麒麟叶属（*Epipremnum*）

识别特征

常绿半木质藤本。节间有气根，随植株年龄的增加，茎增粗，叶片亦越来越大。叶互生，绿色，少数叶片也会略带黄色斑驳，全缘，心形。茎攀援，节间具纵槽；多分枝，枝悬垂；叶片薄革质，翠绿色，通常有多数不规则的纯黄色斑块，全缘，不等侧的卵形或卵状长圆形，先端短渐尖，基部深心形，长 32 ～ 45cm，宽 24 ～ 36cm。

◆**季相变化及物候**：终年常绿，花期 10 ～ 11 月。

◆**产地及分布**：原产所罗门群岛。我国南方普遍在园林中应用，云南、广东、福建、上海等露地栽培。现广植亚洲各热带地区。

◆**生态习性**：阴性植物。忌阳光直射，喜散射光，较耐阴，性喜温暖、潮湿、土壤疏松、肥沃、排水良好环境。

◆**园林用途**：附生于墙壁、树干或山石上，极为美丽，亦作荫棚悬挂植物，折枝插瓶，经久不萎。

◆**观赏特性**：绿萝是非常优良的攀藤观叶植物。萝茎细软，叶片娇秀。花语"守望幸福"。

◆ **繁殖方法**：扦插或埋茎繁殖。扦插繁殖：选取健壮的绿萝藤，剪成两节一段，注意不要伤及气生根，然后插入素砂或煤渣中，深度为插穗的 1/3，淋足水放置于荫蔽处，每天向叶面喷水或盖塑料薄膜保湿，环境温度不低于 20℃，成活率均在 90% 以上。水插繁殖：绿萝也可用顶芽水插，剪取嫩壮的茎蔓 20 ～ 30cm 长为一段，直接插于盛清水的瓶中，每 2 ～ 3 天换水 1 次，10 多天可生根成活。

◆ **种植技术**：绿萝生长较快，栽培管理粗放。在栽培管理的过程中，夏季应多向植物喷水，每 10 天进行一次根外施肥，保持叶片青翠。

爬树龙（地果、大青龙、爬山虎、大青竹标、大青蛇等）

Rhaphidophora decursiva（Roxb.）Schott

天南星科（*Araceae*）崖角藤属（*Rhaphidophora*）

识别特征

常绿半木质藤本。茎粗壮，粗 3～5cm，背面绿色，腹面黄色，节环状，宽 1～3mm，黄绿色，生多数肉质气生根。幼枝上叶片圆形，长 16cm，宽 13cm；成熟枝叶片轮廓卵状长圆形、卵形，表面绿色，发亮，背面淡绿色，长 60～70cm，宽 40～50cm，基部浅心形。花序腋生，序柄粗壮，绿色，圆柱形，长 10～20cm。佛焰苞肉质，黄色，卵状长圆形，长 17～20cm，蕾时席卷，花时展开成舟状；肉穗花序无柄，灰绿色，圆柱形，基部斜。果序粗棒状，浆果锥状楔形，具宿存花柱。

◆**季相变化及物候**：花期 5～8 月，果翌年夏秋成熟。

◆**产地及分布**：产我国福建、台湾、广东、广西、贵州、云南、西藏东南部，海拔 2000m 以下。

◆**生态习性**：喜阳光充足，也耐浓荫，喜温暖湿润的环境，生长的昼夜温度条件分别为最适日温 28～32℃，最适夜温在 22～25℃，相对湿度为 70%～90% 为佳。喜肥沃排水良好的粘壤土。

◆**园林用途**：依附于其他物体，可攀爬于乔木树干、花架、墙体等形成立体绿化。

◆**观赏特性**：花大色绿，植株整体绿色，攀援于树体之上，形成奇特的热带雨林景观效果。

◆**繁殖方法**：扦插、分株或组培繁殖，大多以扦插为主。扦插繁殖：如果有间歇喷雾的设备及排水良好的扦插基质，扦插发根非常容易。扦插基质一般采用椰糠：真珠石＝1:1 比例、泥炭或河砂，扦插温度要求日温 25～35℃，夜温不低

于 22℃，尤其在冬季低温时期，温度控制更为重要，冬季扦插发根要求夜温 18℃以上。可于春末夏初取其圆柱形茎带叶 2 ～ 4 枚插于砂质土壤中。大叶可剪除 1/2 ～ 2/3，遮阴，保湿。组培法也可大量繁殖爬树龙种苗。

◆**种植技术**：喜肥沃栽培土，应以腐叶土或泥炭与砂质壤土等量配置做栽培基质。每 2 周追肥 1 次稀薄液肥，冬季停肥控水。在干燥环境中，应每日定时向叶面喷水 2、3 次，可适当修剪。

参考文献

1. 西南林学院 . 云南省林业厅编著 . 云南树木图志 [M]，昆明：云南科技出版社，1988.11

2. 中国科学院昆明植物研究所编著 . 云南植物志 [M]，北京：科学出版社，2003.10

3. 中国科学院华南植物园编著 . 广东植物志 [M]，广东：广东科技出版社，2007.10

4. 刘建林 . 孟秀祥 . 冯金朝编著 . 四川攀西种子植物 [M]，北京：清华大学出版社，2007

5. 朱华 . 闫丽春编著 . 云南西双版纳野生种子植物 [M]，北京：科学出版社，2012

6. 中国科学院昆明植物研究所编著 . 云南种子植物名录 [M]，昆明：云南人民出版社，1984

7. 陈焕镛主编 . 中国科学院华南植物研究所编辑 . 海南植物志 [M]，北京：科学出版社，1964

8. 上海科学院编著 . 上海植物志 [M]，上海：上海科学技术文献出版社，1999

9. 傅立国、陈潭清、郎楷永等主编 . 中国高等植物 [M]，昆明：云南人民出版社，1984

10. 杨小波编著 . 海南植物图志 [M]，北京：科学出版社，2015

11. 刘全儒 . 曾宪锋 . 吴磊编著 . 华南常见植物识别图鉴 [M]，北京：化学工业出版社，2014

12. 刘少宗主编 . 园林树木实用手册 [M]，武汉：华中科技大学出版社，2008.8

13. 包志毅主译 . 世界园林乔灌木 [M]，北京：中国林业出版社，2004.9

14. 刘世龙 . 赵见明主编 . 云南德宏州高等植物 [M]，北京：科学出版社，2009.11

15. 覃海宁 . 刘演主编 . 广西植物名录 [M]，北京：科学出版社，2010.1

16. 杨小波主编 . 海南植物名录 [M]，北京：科学出版社，2013.3

17. 郑万钧主编 . 中国树木志编辑委员会编 . 中国树木志 [M]，北京：中国林业出版社，1983

18. 《安徽植物志》协作组编 . 安徽植物志 [M]，北京：中国展望出版社，1987.6

19. 中国科学院广西植物研究所编著 . 广西植物志 [M]，南宁：广西科学技术出版社，2005.1

20. 王凌晖主编 . 园林树种栽培养护手册 [M]，北京：化学工业出版社，2007

21. 张天麟编著 . 园林树木 1600 种 [M]，北京：中国建筑工业出版社，2010.05

22. 毛龙生主编 . 观赏树木栽培大全 [M]，北京：中国农业出版社，2001.11

23. 李真，魏耘编著 . 盆花栽培实用技法 [M]，合肥：安徽科学技术出版社，2006

24. 广东省花卉协会编 . 广东花卉 [M]，广州：广东人民出版社，2009.10

25. 陈植著 . 观赏树木学 [M]，北京：中国林业出版社，1984

26. 孙可群，张应，龙雅宜等编著 . 花卉及观赏树木栽培手册 [M]，北京：中国林业出版社，1985

27. 胡一民著 . 观花植物栽培完全手册 [M]，合肥：安徽科学技术出版社，2005.4

28. 中国科学院植物研究所主编 . 中国高等植物图鉴 [M]，北京：科学出版社，1983.2

29. 邢福武著. 中国景观植物 [M]，武汉：华中理工大学出版社，2011

30. 钟荣辉，徐晔春主编. 香花图鉴 [M]，汕头：汕头大学出版社，2008.01

31. 大自然博物馆编委会组织编写. 观赏花卉. 木本 [M]，北京：化学工业出版社，2014.06

32. 徐晔春编著. 观花植物 1000 种经典图鉴 [M]，长春：吉林科学技术出版社，2011

33. 周云龙主编. 华南常见园林植物图鉴 [M]，北京：高等教育出版社，2014

34. 江荣先编著. 园林景观植物树木图典 [M]，北京：机械工业出版社，2010.1

35. 林焰编著. 园林花木景观应用图册 [M]，北京：机械工业出版社，2014

36. 庄雪影主著. 园林树木学华南本 [M]，广州：华南理工大学出版社，2006

37. 申晓辉主编. 园林树木学 [M]，重庆：重庆大学出版社，2013

38. 李作文. 汤天鹏主编. 中国园林树木 [M]，沈阳：辽宁科学技术出版社，2008.8

39. 中国科学院江西分院编著. 江西植物志 [M]，南昌：江西人民出版社，1960

40. 徐晔春，吴棣飞主编. 观赏灌木 [M]，北京：中国电力出版社，2010

41. 张穆舒，黄光光，黄献胜等编著. 新潮观赏植物 600 种 [M]，北京：中国林业出版社，2000

42. 寥廓，戴璨，王青锋编著. 武汉植物图鉴 [M]，武汉：湖北科学技术出版社，2015.10

43. 浙江植物志编辑委员会编著. 浙江植物志 [M]，杭州：浙江科学技术出版社，1993

44. 薛聪贤编著. 景观植物实用图鉴 [M]，北京：北京科学技术出版社，2000

45. 薛聪贤，杨宗愈编著. 景观植物大图鉴：珍藏版.1. 木本花卉 760 种 [M]，广州：广东科技出版社，2015.05

46. 薛聪贤，杨宗愈编著. 景观植物大图鉴：珍藏版.2. 观赏树木 680 种 [M]，广州：广东科技出版社，2015.05

47. 薛聪贤，杨宗愈编著. 景观植物大图鉴：3. 藤蔓植物·竹类·棕榈类 626 种 [M]，广州：广东科技出版社，2015.05

48. 中国科学院昆明植物研究所编著. 植物百科 [M]，昆明：云南人民出版社，1984

49. 徐晔春，崔晓东，李钱鱼编著. 园林树木鉴赏 [M]，北京：化学工业出版社，2012.03

50. 中国科学院昆明植物研究所编著. 园林绿化树种手册 [M]，昆明：云南人民出版社，1984

51. 郭成源等编著. 园林设计树种手册 [M]，北京：中国建筑工业出版社，2006

52. 税玉民主编. 滇东南红河地区种子植物 [M]，昆明：云南科技出版社，2003

53. 张金政，林秦文编著. 藤蔓植物与景观 [M]，北京：北京林业出版社，2015

54. 刘金儒编著. 中国观赏花卉图鉴 [M]，太原：山西科学技术出版社，2015.04

55. 龙雅宜编著. 园林植物栽培手册 [M]，北京：北京林业出版社，2004.05

56. 陈恒彬，张凤金，阮志平编著. 观赏藤本植物 [M]，武汉：华中科技大学出版社，2013

57. 陈宗瑜. 云南气候总论 [M]. 北京：气象出版社，2001.09

58. 黄艳宁. 香花崖豆藤的繁殖技术及园林应用研究 [D]. 湖南农业大学，2008.

59. 李景秀，管开云，扬鸿森，等. 云南紫金牛属植物资源调查研究 [J]. 广西植物，2009，29（2）：236-241

60. 陈叶龙. 三叶青藤特性及苗木繁育技术研究 [J]. 大众科技，2011（11）：145-147.

61. 张克映. 滇南气候的特徵及其形成因子的初步分析 [J]. 气象学报.1965（2）：218-230

62. 黄桂文. 滇南气候怎样受季风影响 [J]. 云南师范大学学报（自然科学版）.1985(3)：86-89

63. 韦持章，卢艳春等，优良垂直绿化植物锦屏藤的繁殖与栽培 [J]. 中国园艺文摘，2011（12）：77-78

64. 卢昌义，张明强. 外来入侵植物猫爪藤概述 [J]. 杂草科学，2003（4）：46-48

65. 张明强，卢昌义等. 猫爪藤的物候观察 [J]. 漳州师范学院学报（自然科学版），2006，（1）：93-95

66. 张鸿燕，外来有害物种之猫爪藤 [J]. 《农村百事通》，2011（12）：43-43

67. 田英翠，杨柳青. 藤蔓植物在园林绿化中的应用 [J]. 安徽农业科学，2006，34（21）：36-37

68. 顾翠花，张启翔. 西双版纳紫薇属植物调查研究 [J]. 林业调查规划，2007，32（2）：32-25

69. 廖凤仙，王法红，骆焱平. 鹿角藤属植物的研究进展 [J]. 广东农业科学，2013，40（2）：215-218

70. 中国植物物种信息数据库，http://db.kib.ac.cn/eflora/Default.aspx

71. 中国植物图像库，http://www.plantphoto.cn/